Rhetorik

Bisher sind in dieser Reihe erschienen:

- Englisch für den Beruf
- Englisch telefonieren
- Englisch Korrespondenz
- Fremdwörter
- Knigge fürs Büro
- Rhetorik
- Selbstmanagement
- Zeitmanagement

Weitere Titel sind in Vorbereitung.

compact via ist ein Imprint der Compact Verlag GmbH

© 2011 Compact Verlag GmbH München

Text: Rahild Neuburger
Redaktion: Lisa Wolf
Produktion: Wolfram Friedrich
Titelabbildung: nyul, fotolia.de
Gestaltung: h3a GmbH, München
Umschlaggestaltung: h3a GmbH, München

ISBN 978-3-8174-9079-0
2011 2012 2013 2014 2015   10 9 8 7 6 5 4 3 2 1

www.compact-via.de

Vorwort

Business Update – Die Welt bleibt nicht stehen!

Die ständige Bereitschaft zur Weiterbildung ist im heutigen Berufsleben von herausragender Bedeutung. Nur so können Sie den Alltag im Büro professionell meistern und sich neue Karrieremöglichkeiten eröffnen. Dabei helfen die Bände der Reihe Business Update.

Die übersichtliche Gestaltung macht ein schnelles Nachschlagen problemlos möglich. Zahlreiche praktische Tipps helfen dabei, das neu erworbene Wissen unmittelbar umzusetzen.

Freies Sprechen sowie ein souveränes und sicheres Auftreten sind wichtige Voraussetzungen, um im Beruf langfristig erfolgreich zu sein.

Wie man gekonnt eine Rede hält, lässt sich erlernen. In diesem Band erfahren Sie, wie Sie Ihre Ausdrucksfähigkeit gezielt verbessern, Körpersprache bewusst einsetzen, Lampenfieber bekämpfen und wirkungsvoll Präsentationstechniken in Ihre Rede integrieren.

Bilden Sie sich weiter! Mit diesem Buch machen Sie bereits den ersten Schritt. Und wenn Sie darüber hinaus andere Weiterbildungsmöglichkeiten in Angriff nehmen, wird dies für Ihre berufliche Zukunft nur von Vorteil sein.

Prof. Dr. Michael Heister
Bundesinstitut für Berufsbildung
Abteilungsleiter Förderung und Gestaltung der Berufsbildung

Inhaltsverzeichnis

Verzeichnis der Spezialseiten

1. Rhetorik: Bedeutung und Aufgaben

Wer kennt sie nicht, diese Situation: Alle Blicke richten sich auf einen und erwarten ein paar Worte – sei es privat bei einer Geburtstagsfeier, der Hochzeit des besten Freundes oder der Kinder – oder auch beruflich anlässlich einer wichtigen Präsentation oder der Bewerbung um eine neue Stelle. Die erwartete Rede kann nun spontan kommen oder auch intensiv vorbereitet sein; im Ergebnis kann man sich blamieren oder alle sind begeistert. Das Spektrum ist groß – sowohl was die Art der Rede, das Halten einer Rede als auch die Konsequenzen einer Rede angeht. Es gibt die begnadeten Redner, die sich spontan vor eine Gruppe stellen und aus dem Stegreif eine mitreißende Rede halten können.

Diese Begabung hat jedoch nicht jeder. Die meisten müssen sich im Vorfeld mit rhetorischen Fähigkeiten auseinandersetzen, sie intensiv üben und Reden jeder Art vorbereiten. Genau hier soll dieser Band helfen, indem er einen knappen Überblick über die wichtigsten Aspekte der Rhetorik gibt.

1.1 Rhetorik: Was steckt dahinter?

Der Begriff der Rhetorik leitet sich von dem griechischen Ausdruck „rhetorike techne" ab und bedeutet ursprünglich „Redekunst" bzw. „Redetechnik". Diese Bedeutung ist bis heute erhalten geblieben: Rhetorik ist ein zusammenfassender Begriff für die Theorie und Praxis der menschlichen Redekunst – sei es, dass sie in direkter mündlicher, in schriftlicher oder in durch die technischen Medien (Film, Fernsehen und Internet) vermittelter Form auftritt.

AUF EINEN BLICK

Rhetorik bedeutet die Lehre von der wirkungsvollen Gestaltung einer Rede – unabhängig von der Art der Übermittlung.

1

1.2 Geschichte: Von den Griechen bis heute

Die Geschichte der Rhetorik beginnt in der griechischen Antike und ist eng mit Aristoteles (384–322 v. Chr.) und Demosthenes (384–322 v. Chr.) verknüpft. Dass die Rhetorik zusammen mit der Staatsform der Demokratie entstand, ist kaum erstaunlich, denn gerade die Demokratie lebt von der freien Rede als wesentlichem Instrument demokratischen Handelns. Da aber nicht jeder der freien Rede mächtig war, entstanden im 5. Jahrhundert v. Chr. die ersten Lehrbücher der Rhetorik, die sämtliche Arbeitsschritte von der Konzeption einer Rede über die Ausgestaltung und das Auswendiglernen bis hin zur Rede selbst regelten.

> **INFO**
>
> Als einer der Ersten befasste sich der auf Sizilien lebende Korax (5. Jh. v. Chr.) mit der Redekunst, der in seinen nicht überlieferten Handbüchern die Rede in mindestens drei bzw. fünf Teile einteilte: Einleitung, Darstellung der Tatsachen/Erläuterung der Situation, positive Beweisführung oder Widerlegung von Argumenten, Exkurs und Epilog. Dieses Schema ist heute noch gültig.

Eine erste systematische Darstellung der Redekunst entwickelte Aristoteles in seiner „Redekunst". Rhetorik, die er als eine der wichtigsten Grundlagen der Wissenschaften ansah, bedeutet bei ihm zum einen die Fähigkeit zur klaren und logischen Darstellung eines Sachverhalts, zum anderen die Anwendung der Dialektik. Aristoteles unterscheidet dabei zwischen drei Formen der Überzeugung:

- dem Charakter des Redners, der v. a. glaubwürdig erscheinen muss,
- dem emotionalen Zustand des Zuhörers,
- dem Argument, das er für das wichtigste hält.

Die aristotelische Rhetorik, die übrigens heute noch als Buch nachgelesen werden kann, wurde von den Römern übersetzt und ergänzt. Zu nennen sind hier v. a. Cicero (106–43 v. Chr.) und Quintilian (etwa 35–um 96 n. Chr.), die eigene Lehrbücher publizierten. Cicero vertrat dabei das Ideal des „perfectus orator", welcher die Redekunst auf der Basis einer umfassenden Allgemeinbildung mit moralischem Verantwortungsbewusstsein ausüben solle.

> **INFO**
>
> Aristoteles stellt die Rhetorik neben die Dialektik. Darunter versteht er die Fähigkeit, seine Meinung mit guten Argumenten in Rede und Gegenrede vertreten zu können. Eine etwas andere Form der Dialektik lehrten dagegen die Sophisten, deren Ziel es war, den eigenen Interessen auf jeden Fall zum Sieg zu verhelfen, und sei es durch sog. dialektische Kunstgriffe, zu denen z. B. Wortverdrehung, Scheinbeweise oder Haarspalterei gehörten.

Dabei müsse er gekoppelt sein mit dem Ideal des „vir bonus", d. h. des „guten Menschen". Quintilian dagegen schuf mit dem Lehrbuch „Die Ausbildung des Redners" ein maßgebendes Standardwerk der europäischen Rhetorik, das die Rhetorik zur „regina artes", d. h. zur „Königin aller Künste und Wissenschaften" erhebt. Im Mittelalter wurden diese Quellen zur Grundlage des sog. Triviums, das an den Universitäten Europas das Grundstudium und die Grundlage jeder intellektuellen Tätigkeit bildete. Trivium steht dabei für „drei Wege" und umfasst die drei sprachlichen Fächer Grammatik, Dialektik/Logik und Rhetorik.

> **INFO**
>
> Von Trivium stammt übrigens das Wort „trivial" ab, das in seiner ursprünglichen Bedeutung nicht „belanglos" oder „alltäglich", sondern „grundlegend" und somit „selbstverständlich" hieß.

Das christliche Mittelalter eignete sich das rhetorische Wissen für Bibelauslegungen und die Predigtlehre an. Zu den klassischen drei Redegattungen – Gerichtsrede, politische Rede sowie Festrede – wurde mit der sog. Homiletik, d. h. der Geschichte und Theorie der christlichen Predigt, ein neuer Theoriebereich ergänzt. Neue Höhepunkte der Geltung und Machtausbreitung der Rhetorik brachten Renaissance und Humanismus. So wurden nicht nur der Schul- und Universitätsbetrieb, sondern auch Philosophie, Literatur, Architektur, Hof- und Gerichtswesen, gesellschaftliches Leben sowie Kirche und Theologie stark von ihr beherrscht.

Während der Aufklärungszeit im 18. Jahrhundert kam es zu einer Abkehr von der bisher primär lateinischsprachigen Rhetorik in allen europäischen Ländern; es entstanden muttersprachliche Lehrbücher. In Deutschland festigten sich in dieser Zeit die Begriffe „Beredsamkeit" oder „Eloquenz" für die Praxis sowie „Redekunst" oder „Rhetorik" für die Theorie der Rede. Parallel dazu etablierten sich – anknüpfend an die antiken „Briefautoren" wie z. B. Plinius der Jüngere (61–113 n. Chr.) – der Brief als eigenständige Gattung sowie die humanistische „ars dictandi", die „Briefkunst". Für die gesamte frühe Neuzeit (16. bis 18. Jahrhundert) war die Rhetorik die wesentliche Grundlage der Literatur sowie ihrer Theorie, der Poetik. So verfassten Dichter wie Martin Opitz (1597–1639) oder Georg Philipp Harsdörffer (1607–58) deutschsprachige Werke, deren Struktur und Inhalt sich am Vorbild der klassischen Rhetorik orientierte. Das Gedicht galt in dieser Zeit als Rede im Sinne einer Lobrede und vom Poeten wurde – wie früher – Gelehrsamkeit und rhetorische Schulung gefordert.

Eine neue politische Dimension gewann die Rhetorik bei der Vorbereitung und nach dem Ausbruch der Französischen Revolution (1789–99), die zu einem weiteren Aufschwung der öffentlichen Beredsamkeit führte. Parallel dazu förderte in England das Parlament die Ausbildung von Rhetorikern. Ganz anders entwickelte sich die Situation in Deutschland. Hier begann mit dem Ende des 18. Jahrhunderts der Verfall der Rhetorik. Gründe hierfür werden in der politischen Entwicklung sowie auch in der Entstehung neuer konkurrierender Wissenschaften wie der Ästhetik, der Psychologie, der Germanistik oder der Pädagogik gesehen. Reden sollten nunmehr überzeugend wirken, da sie aus dem Inneren der Seele bzw. dem Herzen flossen und nicht mehr, weil eine bestimmte Technik möglichst geschickt angewandt wurde. Diese Abwertung führte letztlich dazu, dass im Lauf des 19. Jahrhunderts die Rhetorik als Lehrfach zunehmend verschwand. Als einer ihrer größten Gegner galt Johann Wolfgang von Goethe (1749–1832), der – obwohl er selbst eine rhetorische Ausbildung genossen hatte – die Rhetorik als Schule des Verstellens bezeichnete. Auch Immanuel Kant (1724–1804) wertete die Rhetorik als Methode ab, da sie sich der Schwächen des Gegners bediene. Otto von Bismarck (1815–98) – selbst ein großer Redner – verachtete die Rhetorik und gab sich stolz darauf, kein großer Redner gewesen zu sein.

Wiederentdeckt wurde die Rhetorik im 20. Jahrhundert. Bekannte Personen wie Dale Carnegie (1888–1955), Jean Paulhan (1884–1968) oder Paul de Man

(1919–83) betrachteten die Redekunst aus ganz unterschiedlichen Perspektiven wie z. B.: Studium der Massenkultur, Theorie der Argumentation oder auch Grundlegung der Literaturwissenschaften. Als eigenes Fach wird die Rhetorik mittlerweile nur noch an wenigen Universitäten gelehrt, in andere Wissenschaften wie z. B. die moderne Linguistik, die Literaturwissenschaft oder auch die Kommunikationswissenschaften fließen rhetorische Elemente jedoch stark ein. Auch als sog. Schlüsselqualifikation gewinnt sie sowohl in Schulen als auch an Universitäten sowie in der Praxis eine zunehmende Bedeutung.

1.3 Bedeutung: Rhetorik als Schlüsselqualifikation

Als Schlüsselqualifikation werden überfachliche Qualifikationen bezeichnet, die zum Handeln in typischen beruflichen und praxisbezogenen Situationen befähigen sollen. Sie können und sollen das erforderliche Fachwissen nicht ersetzen, sondern helfen, dieses Fachwissen problemorientiert anzuwenden und typische Situationen im Berufsleben und in zwischenmenschlichen Beziehungen zu bewältigen. Grob zählen zu den Schlüsselqualifikationen

- Sozialkompetenzen (z. B. Kommunikationsfähigkeiten, Kooperationsfähigkeiten),
- Methodenkompetenzen (z. B. Kreativität, Rhetorik),
- Individual- oder Selbstkompetenzen (z. B. Motivation, Flexibiliät, Selbstmanagement),
- Handlungskompetenzen (z. B. Selbstverantwortung) sowie
- Medienkompetenz.

AUF EINEN BLICK

Rhetorik stellt eine wichtige Methodenkompetenz dar, deren zunehmender Bedeutung in der Schule, in Universitäten, in Unternehmen sowie in Lehrgängen und Seminaren Rechnung getragen wird.

Die Schlüsselqualifikationen im Überblick

1. Sozialkompetenzen

Hierzu zählen Kenntnisse und Fähigkeiten, die es ermöglichen, in Beziehungen zu Menschen problem- und situationsorientiert zu handeln. Zu ihnen zählen z. B. Kommunikationsfähigkeiten, Kooperationsfähigkeiten, Konfliktfähigkeiten, Empathie (Einfühlungsvermögen) sowie emotionale Intelligenz.

2. Methodenkompetenzen

Hierzu zählen Kenntnisse und Fertigkeiten, die es ermöglichen, Aufgaben und Probleme zu bewältigen, indem sie die Auswahl, Planung und Umsetzung sinnvoller Lösungsstrategien ermöglichen. Zu ihnen zählen Analysefähigkeit, Kreativität, Lernbereitschaft, Denken in Zusammenhängen, abstraktes und vernetztes Denken sowie die in diesem Handbuch intensiv behandelte Rhetorik.

3. Individual- und Selbstkompetenzen

Persönlichkeitseigenschaften, die die Organisation und Gestaltung des Arbeitsprozesses beeinflussen wie Engagement, Motivation, Flexibilität, Selbständigkeit und Belastbarkeit.

4. Handlungskompetenz

Sie ergibt sich aus der Schnittmenge der drei Kompetenzbereiche. Handlungskompetenz bedeutet in diesem Zusammenhang die Befähigung eines Menschen, sich situativ angemessen zu verhalten, selbstverantwortlich Probleme zu lösen, bestimmte Leistungen zu erbringen und mit anderen Menschen angemessen umzugehen.

5. Medienkompetenz

Sie bezieht sich auf die Fertigkeit, mit den gängigen digitalen Medien aufgaben- und situationsorientiert umgehen zu können.

INFO

1.4 Ziele: Informieren, Argumentieren und Überzeugen

Aristoteles unterscheidet in seiner „Redekunst" drei Formen von Reden: Gerichtsrede, Beratungsrede oder politische Entscheidungsrede sowie Lob- oder Festrede. Während in der Gerichtsrede über vergangene Geschehnisse geurteilt wird, steht in der politischen Entscheidungsrede ein in der Zukunft liegendes Thema im Mittelpunkt. In beiden Fällen geht es jedoch um eine aktive Entscheidung, die durch die Rede beeinflusst werden soll. Dagegen bleibt bei der typischen Lob- und Festrede die Politik weitgehend unbeteiligt; Erheiterung oder Information stehen hier im Vordergrund. In der Spätantike kamen weitere rhetorische Textarten wie der Brief, der Lehrvortrag, die Sachrede oder auch die Predigt hinzu. Doch egal, welche Rede im Einzelfall zugrunde liegt, die Ziele sind meistens dieselben:

- Belehren, Argumentieren oder Informieren
- Gewinnen oder Erfreuen
- Rühren oder Bewegen

Später wird deutlich werden, wie wichtig es ist, das jeweilige Ziel zu definieren und auf Inhalt und Zielgruppe abzustimmen.

1.5 Grundlage: Wirkung und Kommunikation

Tauschen zwei Menschen Informationen aus, spricht man von Kommunikation. Allerdings versteht der Empfänger oft etwas anderes, als der Sender ihm eigentlich sagen wollte – und schon entstehen Kommunikationsprobleme oder Konflikte. Dies gilt auch für die Rhetorik. Wie oft passiert es, dass Reden gehalten werden, die die Empfänger nicht verstanden haben oder bei denen vermeidbare Missverständnisse entstanden sind!

Der Kommunikationswissenschaftler Friedemann Schulz von Thun (*1944) erklärt dies mit seinem Modell der „vier Ohren". Danach hat jeder Mensch zwar nur einen Mund, aber vier Ohren. Jede in einer Rede vermittelte Nachricht kann somit auf vier Ohren bzw. Ebenen empfangen werden oder – anders betrachtet – jede vom Redner übermittelte Nachricht betrifft vier Ebenen:

1

Ebene 1: Sachebene, auf der die reinen Inhalts- bzw. Sachaussagen ausge-
tauscht werden.

Ebene 2: Selbstoffenbarungsebene, denn mit einer Nachricht sagt der Sender
auch immer etwas über sich selbst und seine Person aus.

Ebene 3: Beziehungsebene, denn mit seiner Botschaft drückt der Sender auch
etwas über sein Verhältnis zum Empfänger aus.

Ebene 4: Appellebene, die den Empfänger dazu aufruft, etwas zu tun oder zu
unterlassen.

Zu Konflikten und Verständigungsproblemen kommt es nun, wenn eine Aussage des Redners mit dem „falschen Ohr" des Empfängers aufgenommen wird.
Dies kann zu gravierenden Missverständnissen führen.

INFO

Über einen Punkt sind sich Kommunikationswissenschaftler wie Friedemann
Schulz von Thun oder auch Paul Watzlawick (1921–2007) übrigens einig: Die
sachliche Kommunikation kann nur dann funktionieren, wenn die Beziehungsebene stimmt.

Für die Interpretation der Aussagen des Redners durch die Zuhörer sind
jedoch nicht nur die rein verbalen Äußerungen verantwortlich. Im Gegenteil:
Studien aus der kommunikationspsychologischen Forschung zeigen, dass die
Ausstrahlung und die Wirkung einer Person nur zu ca. 7 % davon abhängt,
was gesagt wird. Viel entscheidender sind die Nebeninformationen, die
vom Zuhörer meist unbewusst aufgenommen und verarbeitet werden. Diese
zusätzlichen Informationen liegen in dem, wie jemand etwas sagt (ca. 38 %)
und mit welchen optischen Eindrücken (ca. 55 %) er das Gesagte verbindet.
Vor diesem Hintergrund ist es in jeder Rede wichtig, gezielt auf Wirkung und
Kommunikation zu achten.

AUF EINEN BLICK

Als eine der wichtigsten Regeln der Rhetorik gilt: Für eine störungsfreie
Kommunikation kann der Redner sehr viel tun!

1.6 Im Überblick: Welche Schritte sind erforderlich?

Ohne eine gute Vorbereitung gelingt es nur genialen Rednern, spontan gute Vorträge zu halten. Dies stellt einerseits eine Herausforderung dar, andererseits ist es aber auch beruhigend, denn es zeigt, dass man eine gute Rede durchaus systematisch vorbereiten kann.

Die antike Rhetorik unterscheidet mehrere Phasen zur Vorbereitung einer Rede, die auch heute noch für jeden Redner eine wertvolle Orientierung bieten können:

1. Inventio mit dem Ziel einer zielgruppenorientierten Ermittlung und Sammlung der zugrunde liegenden Aspekte und Fragestellungen sowie der stichhaltigen und wirkungsvollen Gedanken und Argumente.
2. Dispositio mit dem Ziel einer bewussten Anordnung der einzelnen Redeteile, die wiederum auf Zuhörer und Zielgruppe abzustimmen sind.
3. Elocutio mit dem Ziel einer Ausformulierung der Rede – sei es schriftlich oder gedanklich.
4. Memoria mit dem Ziel der Aneignung der Rede, um dieselbe frei zu sprechen.
5. Pronunciatio, um die anstehende Rede probeweise zu halten.
6. Actio, um sich möglichst fundiert auf Unterbrechungen wie Verständnisfragen, Zwischenrufe, Ablenkungen etc. vorzubereiten.

Auch wenn die verschiedenen hier skizzierten Schritte nicht idealtypisch hintereinander ablaufen, sollte man sich als grobe Richtschnur daran halten.

AUF EINEN BLICK

1. Ziel, Zielgruppe und Thema festlegen
2. Sammeln von Argumenten und Inhalten
3. Gliedern und Strukturieren der Rede
4. Ausformulieren der Rede
5. Inhaltliche Vorbereitung
6. Halten der Rede

2

2. Basis einer guten Rede: die Vorbereitung

Jede Rede beginnt mit einer guten Vorbereitung: der Analyse von Thema, Zielgruppe und Gesprächssituation (Kap. 2.1), bevor dann die Schritte der systematischen Sammlung von Argumenten und Inhalten (Kap. 2.2), der Fokussierung der Rede auf eine bestimmte Botschaft (Kap. 2.3) sowie der Gliederung (Kap. 2.4) und ersten Formulierung der Rede (Kap. 2.5) erfolgen. Jeder gute Redner denkt dabei schon an Anfang und Schluss (Kap. 2.6).

2.1 Analyse: Thema, Zielgruppe und Redesituation

Jeder professionelle Redner muss sich im Vorfeld intensiv mit Thema/Anlass, Zielgruppe und Gesprächssituation auseinandersetzen und klären, welche Besonderheiten und Anforderungen sich dabei ergeben, um auf dieser Basis die eigene Rolle als Redner zu definieren.

Thema/Anlass: Wer erwartet was?
Meist sind Thema und Anlass einer Rede vorgegeben und man wird als Redner zu einer bestimmten Veranstaltung eingeladen. Dann lassen sich aus dem Titel und Anlass der Veranstaltung schon wichtige Hinweise auf den offiziellen Auftrag erkennen.

> **INFO**
>
> Je nach Anlass der Rede wird häufig unterschieden zwischen:
> - Informationsrede, in der Neues und Wissenswertes vorgestellt wird,
> - Argumentationsrede, in der das Publikum überzeugt oder zu bestimmten Aktionen bewegt werden soll,
> - Gelegenheitsrede, in der etwas Schönes und Denkwürdiges gesagt werden soll.

Neben diesem offiziellen Auftrag gibt es jedoch häufig noch einen inoffiziellen Auftrag, der nicht sofort deutlich wird. Typisches Beispiel ist die Lobrede auf eine Person (= offizieller Auftrag), bei der dem Publikum gleichzeitig eine geplante, möglicherweise unangenehme Maßnahme wie z. B. die Schließung der Firmenkantine (= inoffizieller Auftrag), deutlich gemacht werden soll.

2

AUF EINEN BLICK

Ein professioneller Redner macht sich somit im Vorfeld klar:
→ Welches Thema wurde vorgegeben?
→ Welche Art von Rede wird erwartet?
→ Welcher Auftrag ist mit dieser Themenwahl verbunden?
→ Gibt es explizite oder implizite Hinweise auf einen inoffiziellen Auftrag der Rede?

Kann der Redner sein Thema frei wählen, gilt übrigens das Gleiche. Schon im Vorfeld sollte er sich darüber im Klaren sein, welche Erwartungen er mit der Formulierung des Themas weckt bzw. auch wecken möchte. Dies bezieht sich übrigens sowohl auf die Erwartungen an den Inhalt als auch auf die Erwartungen an die zugrunde liegende Art der Rede.

Zielgruppe: Wer ist sie und was möchte sie hören?

Als Redner muss man sich darüber bewusst sein, dass man es mit zwei unterschiedlichen Zielgruppen zu tun hat. Zum einen mit der Zielgruppe der Zuhörer, zum anderen mit der Zielgruppe der Auftraggeber. Jeder Redner muss nun prüfen, welche Erwartungen diese Zielgruppen haben und wie sich diese Erwartungen und Zielsetzungen mit den eigenen Zielen und Erwartungen decken. Stellt sich beispielsweise schon im Vorfeld heraus, dass der Redner aus bestimmten Gründen nicht hinter den Zielen des Auftraggebers stehen kann, wird es für ihn schwierig sein, die Rede so begeisternd zu formulieren, wie es Auftraggeber oder auch Publikum von ihm erwarten. Im Vorfeld ist somit zu prüfen:

- wer der Auftraggeber ist, welchen fachlichen Hintergrund er hat, wie er zu dem Publikum steht und welches Ziel er verfolgt,
- wer Zielgruppe und Publikum sind, wie viele es sind und wie sie sich zusammensetzen,

2

- welche Erwartungen das Publikum hat,
- was man selbst als Redner am Ende erreicht haben möchte,
- welche Probleme evtl. entstehen könnten.

INFO

Ein professioneller Redner weiß: Es gibt kein ungeeignetes Publikum; es gibt nur eine ungeeignete Redevorbereitung. Aus diesem Grund lassen sich professionelle Redner bei größeren Veranstaltungen schon im Vorfeld eine Teilnehmerliste zukommen, um genau diese Fragen zu prüfen und sich darauf einzustimmen.

Gesprächssituation: Welche Bedingungen sind relevant?

Eine wichtige Rolle spielt aber auch die Rede- bzw. Gesprächssituation. Denn es ist ein großer Unterschied, ob man nach einem witzigen oder trockenen Vorredner an der Reihe ist oder ob man zu Beginn oder am Ende der Tagung seine Rede halten darf, ob es Sommer oder Winter ist oder die Rede in einem großen oder kleinen Rahmen gehalten wird. Entscheidend ist auch, welche und wie viele Arten von Präsentationstechniken, z. B. Overheadprojektor oder Flipchart, zur Verfügung stehen.

AUF EINEN BLICK

In Bezug auf die Redesituation ist zu prüfen:
→ Wo findet die Rede bzw. der Vortrag statt?
→ Wie groß ist der Raum?
→ Wie viele Zuhörer haben Platz?
→ Welche Medien gibt es?
→ Wie ist die zeitliche Vorgabe für den Vortrag?
→ Wer redet vorher und nachher?
→ Wann findet die Rede statt?

Definition der eigenen Rolle: Mentor, Macher oder Unterhalter?

Stehen die Erwartungen fest, ist zu prüfen, welche eigene Position und Rolle eingenommen werden soll:

(1) Der Mentor, der das Publikum primär berät und motiviert, indem er v. a. die Bedürfnisse des Publikums akzeptiert und ihm zustimmt.

INFO

Als typischer „Mentor" gilt John F. Kennedy (1917–63), dem es durch seine Reden immer wieder gelang, sein Publikum zu ermutigen. Berühmtes Beispiel hierfür ist seine „Rede an der Berliner Mauer", die mit der bekannten Aussage „Ich bin ein Berliner" endete und mit der er die Berliner ermutigte und ihnen zeigte, dass er sie verstand.

(2) Der Macher, der motivierend und überzeugend zeigt, warum aus welchen Gründen welche Richtung zu verfolgen ist, indem er seine oder die von anderen gefällten Entscheidungen verteidigt.

INFO

Als typisches Beispiel für den „Macher" gilt der amerikanische Präsident Abraham Lincoln (1809–65). Er informierte in seinen Reden das Publikum über die Geschehnisse, erklärte die Wichtigkeit seiner Ziele und motivierte es, für diese Ziele weiter zu kämpfen.

(3) Der Unterhalter, dessen primäre Funktion darin besteht, sein Publikum zu inspirieren und zu unterhalten – und dies nicht nur bei unterhaltenden Anlässen sondern auch im Zusammenhang mit ernsten Themen.

INFO

Beispiel hierfür ist die 1963 von Martin Luther King (1929–68) gehaltene Rede „I have a dream", mit der er seine Zuhörer inspirierte, wieder zu träumen. Gleichzeitig unterhielt er sie mit konkreten und lebendigen Bildern und rührte die Herzen durch die persönliche Perspektive seiner eigenen vier Kinder.

Selten wird man nur eine dieser Rollen annehmen. Vielmehr tritt man mit einer Mischung aus allen drei Rollen als Redner auf. In diesem Fall ist es wichtig, sich die jeweilige Basisrolle stets vor Augen zu halten.

2

2.2 Brainstorming: Welche Argumente passen?

Stehen Richtung und Ziel für die Rede und hat der Redner seine Rolle oder Funktion festgelegt, beginnt der zweite wichtige Schritt der Vorbereitung: die Suche nach Inhalten, Aspekten und Argumenten. Die Suche kann dabei unterschiedlich erfolgen: spontan oder systematisch, alleine oder im Team, mit oder ohne Unterstützung von Medien und Methoden.

Spontan oder systematisch?

Jeder hat die Erfahrung schon einmal gemacht: Wird eine neue Aufgabe übernommen, kommen dann meist auch sofort die ersten guten Gedanken. Ähnlich verhält es sich bei der Übernahme eines Referats oder einer Rede. Sofort kommen die ersten Ideen, welche Punkte wichtig sind, welche Inhalte unbedingt integriert werden sollen usw. Diese kreative Phase sollte man sofort nutzen und sämtliche Ideen auch schriftlich festhalten. Später ist man für jeden Hinweis und jede Idee dankbar. Dies gilt übrigens auch für die weitere Zeit der Vorbereitung. Jede Idee und jeder Gedanke ist willkommen und sollte sofort notiert werden.

INFO

Nutzen Sie auch die Inkubationszeit, d. h. die Zeit, in der das Unterbewusstsein an den Ideen weiter arbeitet, auch wenn Sie sich mit völlig anderen Themen auseinandersetzen. Diese Inkubationszeit ist sehr hilfreich, bedeutet aber, dass man mit der Vorbereitung einer Rede nicht in allerletzter Minute anfangen sollte.

Diese spontane Suche sollte ergänzt werden um eine systematische Suche, die sich sowohl auf die Auswahl der zugrunde liegenden Quellen als auch auf die zugrunde liegenden Kriterien, nach denen die Suche erfolgt, bezieht. Dabei gilt:

- Sachargumente basieren v. a. auf Expertenzitaten, Referenzen, Statistiken, Forschungsergebnissen oder auch Demonstrationen per Internet oder Video.
- Gefühlsargumente basieren dagegen eher auf Beispielen, aktuellen Nachrichten, Vergleichen, auch Geschichten und Witzen.

Unabhängig davon, ob Gefühls- oder Sachargument, lassen sich als wichtige Quellen heranziehen:
- Fachbücher, Fachzeitschriften, Tageszeitungen,
- Wissenschaftliche Untersuchungen,
- Bibliotheken und Firmenarchive,
- Korrespondenz, Akten, Kataloge,
- Projektberichte und Untersuchungsergebnisse,
- Kollegen und Mitarbeiter,
- Berater und Experten.

Für Gelegenheitsreden wie Lob- oder Festreden gibt es folgende Quellen:
- Nachfragen bei Familienmitgliedern oder Freunden nach persönlichen Daten,
- Zugrundelegen eines Mottos aus dem Umfeld oder dem bisherigen Leben,
- Zitate-Lexika,
- Hobby, Lieblingsmusik, Lieblingssänger, Lieblingsschauspieler etc.,
- Geschehnisse aus der Geschichte.

Alleine oder im Team?

Mitunter empfiehlt es sich, Kollegen in die Stoff- und Ideensammlung einzubeziehen. Dies ist v. a. hilfreich, wenn dadurch die Wissensbasis größer wird und die Chance besteht, noch mehr wichtige Ideen und Aspekte zu sammeln, oder wenn bekannt ist, dass bestimmte Kollegen auf einem bestimmten Gebiet über genau dasjenige Wissen verfügen, das erforderlich ist.

Mit oder ohne methodische Unterstützung?

Durch entsprechende Methoden lässt sich jede Ideensammlung sinnvoll unterstützen. Zu den wichtigsten zählen:

(1) Brainstorming

Ziel des Brainstormings ist, in kurzer Zeit möglichst viele Ideen und Anregungen zu sammeln. Prinzipiell lässt sich Brainstorming in der Gruppe oder auch als Einzelperson durchführen. In der Gruppe angewandt, sollte diese nicht mehr als maximal zwölf Teilnehmer umfassen, deren Ideen von einem Moderator aufgenommen und protokolliert werden. Damit eine Brainstorming-Sitzung erfolgreich sein kann, müssen die beteiligten Personen miteinander kooperieren können und die Grundregeln des Brainstormings akzeptieren.

2

Denn der einsetzende Fluss von Ideen soll die Beteiligten anregen, weitere Ideen und Assoziationen zu äußern.

AUF EINEN BLICK

Zu den Regeln des Brainstormings zählen:
1. Quantität geht vor Qualität
2. Spontane Äußerungen inspirieren
3. Bewertung und Kritik sind verboten
4. Es gibt keine Verlierer
5. Keine Totschlagargumente oder Killerphrasen
6. Wilde Ideen sind willkommen
7. Ideen anderer werden weiterentwickelt

Eine typische Brainstorming-Sitzung läuft in mehreren Phasen ab:
- möglichst konkrete Darstellung des Themas, z. B. auf einem Flipchart,
- Sammeln und Erfassen der Ideen,
- Grobauswahl und erste Strukturierung nach verschiedenen übergeordneten Gesichtspunkten,
- Bewertung der Ideen und Gedanken vor dem Hintergrund von Anlass, Thema und Zielgruppe.

Ganz entscheidend zum Gelingen einer Brainstorming-Sitzung beitragen kann übrigens der Moderator. Dieser sollte nicht nur für eine vertrauensvolle Atmosphäre sorgen, die Teilnehmer ermutigen und die Vorschläge und Ideen erfassen. Viel wichtiger ist, dass er sich nicht einmischt, selbst keine Vorschläge macht und nicht bewertet.

INFO

Brainstorming lässt sich übrigens auch als Einzelperson gewinnbringend einsetzen: Definition von Thema und Anlass der Rede, kritikloses Aufschreiben von Gedanken, Anregungen und Stichwörtern, Strukturieren und Bewerten der Stichwörter. Dieser Prozess gelingt übrigens noch besser, wenn man sich mit einem leeren Blatt an einen Ort zurückzieht, an dem man der Kreativität freien Lauf lassen kann.

(2) Brainwriting

Brainwriting funktioniert wie Brainstorming, allerdings werden alle Einfälle schriftlich festgehalten. In der Gruppe werden dadurch meist noch mehr Ideen produziert als beim Brainstorming, da gruppendynamische Prozesse keine Rolle spielen und sich das Kreativitätspotenzial dadurch noch weiter erhöhen lässt. Besonders geeignet ist Brainwriting daher, wenn zu erwarten ist, dass sich bei einer mündlichen Ideensammlung nicht jeder traut, etwas zum Thema zu sagen. Das Brainwriting kann in unterschiedlichen Methoden erfolgen. Bei der Kartenmethode präsentiert der Moderator zunächst Anlass, Ziel und Thema der Rede. Jeder der vier bis zehn Teilnehmer schreibt dann in etwa zehn Minuten seine Ideen dazu auf jeweils eine Karte. Die Karten werden eingesammelt und gut sichtbar an eine Pinnwand oder Ähnliches geheftet, damit alle Teilnehmer die erstellten Lösungsvorschläge gemeinsam sortieren und in eine Rangfolge bringen können. Meist werden dabei zunächst diejenigen Karten zusammengefügt, die ähnliche oder gleiche Aussagen haben. Dadurch entstehen sog. Cluster mit Karten, die einem bestimmten Sachverhalt oder einem bestimmten Zusammenhang zugeordnet werden können. Für diese Cluster können dann passende Überschriften gesucht werden. Innerhalb der Cluster lassen sich die Vorschläge schließlich in eine Rangfolge bringen. Typische Kriterien sind z. B. Praktikabilität und Verwendbarkeit für die Rede.

INFO

Diese Kartenmethode lässt sich auch gut anwenden, um die an eine Rede gestellten Erwartungen im Vorfeld abzufragen. In diesem Fall schreibt der Redner am besten auf ein Flipchart in großer Schrift „Was erwarten Sie von der Rede?", lässt die Teilnehmer diese Frage auf den Karten beantworten, sammelt die Karten ein und hängt sie auf das Flipchart. Dies hilft, während der Rede immer wieder den Bezug zu den Teilnehmern herzustellen.

Weit verbreitet ist auch die Methode 6-3-5. Hier halten 6 Teilnehmer 3 Ideen je Teilnehmer und Durchgang in jeweils 5 Minuten pro Durchgang schriftlich fest. Primäres Ziel ist dabei, Ideen zur Rede gegenseitig aufzugreifen und dadurch weiterzuentwickeln. Da dies in schriftlicher Form erfolgt, lässt sich mit dieser Methode auch das Potenzial zurückhaltender Teilnehmer erschließen. Normalerweise dauert ein typischer Durchlauf etwa 30 Minuten bei vorzugs-

2

weise sechs Teilnehmern, die am besten an einem Tisch sitzen. Wie bei der Kartenmethode müssen zunächst Thema, Ziel und Anlass definiert und formuliert werden. Anschließend entwickelt jeder Teilnehmer drei Ideen, die er an seinen Nachbarn weiterreicht. Dieser entwickelt die ursprünglichen Ideen weiter, indem er sie ergänzt, variiert oder auch ganz neuartige Vorstellungen festhält. Für jeden Durchgang hat jeder etwa fünf Minuten Zeit. Sind die Ideen fünfmal weitergereicht worden, haben die sechs Teilnehmer bei drei Ideen pro Durchgang 6 x 18 Einfälle, also insgesamt 108 Ideen, produziert. Und dies bei einem Zeiteinsatz von nur 30 Minuten!

Auch hier wird die Sammelphase nicht bewertet. Darauf erfolgt die Bewertung, wobei die Ideen wiederum weitergereicht werden. Jeder Teilnehmer soll dann drei verschiedene Ideen ankreuzen, die er für die Problemlösung als am besten geeignet ansieht. Anschließend werden die passendsten Vorschläge näher diskutiert.

(3) Mindmapping

Die Methode des Mindmapping erfreut sich großer Beliebtheit, denn sie ist schnell zu erlernen, universell einsetzbar und es kommt eigentlich immer etwas dabei heraus. Insofern wundert es nicht, dass diese von Tony Buzan (*1942) entwickelte Technik nicht nur als Kreativitäts-, sondern auch als Aufzeichnungs- und Strukturierungsmethode immer mehr Anhänger findet. Ziel ist die Erstellung einer Art „Landkarte des Gedankenflusses oder der Ideen", indem das bildlich-räumliche Denken aktiviert und dadurch eine neue Sichtweise ermöglicht werden soll. Indem Thema oder Ideen abgebildet werden, können sie neu strukturiert werden, es können wesentliche Punkte herausgearbeitet werden und es lassen sich neue Verbindungen herstellen sowie auch Nebenaspekte beleuchten. Insofern eignet sich diese Methode geradezu ideal für die Vorbereitung von Reden. Hier ist sie nicht nur nützlich, um komplexe Themen zu strukturieren, sondern auch, um Ideen und Gedanken zu sammeln sowie neue Impulse zu erhalten.

AUF EINEN BLICK

Für professionelle Redner hat Mindmapping zwei Vorteile: das Sammeln und Strukturieren von Ideen.

Clustering

Der Begriff „Cluster" kommt aus dem Englischen und bedeutet soviel wie „Gruppe" oder „Anhäufung". In Bezug auf Kreativitätstechniken ist er im Sinne von vernetzten Informationen, Vorstellungen oder Gefühlen zu interpretieren. Die Methode des Clustering basiert auf einem gelenkten assoziativen Verfahren und lässt sich schnell erlernen. Ausgangspunkt für die gewünschten Gedankenbewegungen und damit auch die Ideen bildet ein bestimmter Begriff, der die damit verbundenen Gedanken und Gefühle hervorlocken soll.

Sinnvoll ist Clustering immer dann, wenn es darum geht, über die Aktualisierung von Vorwissen neue Verknüpfungen von Gedanken und neue Ideen zu entwickeln. Insofern bietet es sich für das Sammeln von Ideen und Gedanken geradezu an. Und auch zur Strukturierung und Systematisierung von Gedanken eignet sich die Methode sehr. Prinzipiell lässt sich das Clustering sowohl von Einzelpersonen als auch in der Gruppe durchführen.

Clustering durch Einzelpersonen

Basis ist ein möglichst großes unliniertes Blatt. In die Mitte wird zunächst das Thema, von dem die Gedanken ausgehen sollen, geschrieben. Ausgehend von diesem Begriff werden sämtliche Ideen und Einfälle nacheinander notiert. Dabei ist es wichtig, den Gedanken freien Lauf zu lassen und sie rasch aufs Papier zu bringen. In der Regel entsteht dadurch ein weiterer Gedankenfluss, dem man entsprechend folgen sollte.

Dabei ist zu beachten, dass

• alle Einfälle nacheinander aufgeschrieben und umrahmt,

• kurze und prägnate Begriffe verwendet und

• Verbindungen zu anderen Einfällen entsprechend gekennzeichnet werden.

Stockt der Ideenfluss, sollte man immer wieder zum Kernbegrif zurückkehren, um dort erneut mit den Assoziationen zu beginnen.

INFO

Clustering durch Gruppen

In Gruppen funktioniert die Methode prinzipiell ähnlich. Vorraussetzung ist eine ungezwungene und offene Stimmung, denn dann ergeben sich nützliche Ideen und Ergebnisse leichter. Die Gruppengröße sollte drei bis fünf Teilnehmer nicht übersteigen, denn nur so können Assoziationen frei fließen und nur so lässt sich sicherstellen, dass sich jedes einzelne Mitglied am Prozess beteiligt. Daher werden größere Gruppen zumeist auf kleinere Clustergruppen aufgeteilt.

In der Gruppe wird der Cluster idealerweise auf einem gut sichtbaren großen Papier oder auf einem Flipchart entwickelt. Genauso gut kann aber auch ein Overheadprojektor verwendet werden. Das Thema ist in der Mitte des Blattes vorgegeben. Der erste Teilnehmer notiert seine Gedanken dazu und reicht dann das Blatt an seinen rechten Nachbarn weiter. Dann entwirft dieser Teilnehmer seine Gedanken, umrahmt sie und verbindet sie mit dem Kernbegriff. Wenn sich gedankliche Verbindungen oder assoziative Verknüpfungen ergeben, werden die Begriffe entsprechend miteinander verbunden. Das Blatt wird zwischen den Teilnehmern so lange herumgereicht, bis die Ideenflut versiegt bzw. die vorher festgelegte Zeitspanne vergangen ist. Meist handelt es sich um ca. zehn bis zwanzig Minuten. Jegliche Kommentierung – ob verbal oder nonverbal – ist zu unterlassen. Am Ende wird das Ergebnis auf dem Overheadprojektor präsentiert und je nach Erfordernissen und Zielen ausgewertet bzw. weiterentwickelt.

Der wesentliche Vorteil des Clustering besteht darin, dass die freie Assoziation von Gedanken angestoßen werden soll, die meist zu mehr und kreativeren Ideen führen kann.
Dieser Vorteil wird jedoch nicht von allen Personen als ein solcher bewertet. So sehen beispielsweise Personen, bei denen eher die linke Gehirnhälfte dominant ist, diesen als Nachteil an, da der völlige assoziative Gedankenfluss für sie eher ungewohnt ist.

INFO

2

Prinzipiell lässt sich die Erstellung einer Mindmap individuell als Einzelperson oder auch in der Gruppe durchführen. Auf einem entsprechend großen Blatt wird in die Mitte der Mindmap das Thema der anstehenden Rede geschrieben. Von diesem Thema gehen Zweige ab, an denen jeweils ein Begriff für ein Unterthema oder einen wichtigen Aspekt steht. An den einzelnen Verzweigungen ist möglichst jeweils nur ein einzelner Begriff oder eine einzelne Darstellung zu finden. Alle diese Begriffe stehen dabei quasi stellvertretend für die Gedanken, die für den Ersteller damit verbunden sind. Dabei muss es sich natürlich nicht unbedingt um einzelne Wörter handeln, auch kurze Formulierungen, Bilder oder Symbole können gut verwendet werden. Von den Hauptarmen können übrigens weitere Nebenarme wie Äste eines sich in alle Richtungen verzweigenden Baumes abgehen. Auf diesen Ästen werden Details oder weitere Ideen notiert, die mit dem Gedanken des Hauptastes zusammenhängen. Übersichtlichkeit und Anschaulichkeit lassen sich übrigens zusätzlich steigern, wenn die Haupt- und Nebenäste unterschiedliche Farben erhalten oder auch grafische Elemente wie Bildsymbole eingebaut werden, die es dem Gehirn noch leichter machen, die Mindmap schnell zu erfassen.

> **INFO**
>
> Für die Erstellung von Mindmaps existiert inzwischen eine Reihe von Computerprogrammen. Vorteil ist, dass Änderungen leichter umsetzbar sind, das Ergebnis auch für andere Personen besser lesbar ist und sich elektronisch erstellte Mindmaps per E-Mail an verschiedene räumlich getrennte Adressaten versenden lassen, die jeweils ihre Ideen ergänzen oder die vorhandenen Ideen kritisch prüfen können.

(4) T-Schema

Mitunter reicht es nicht, nur Ideen und Gedanken zu sammeln und zu strukturieren. Manchmal ist es auch erforderlich, Argumente zu sammeln, die für oder gegen eine These sprechen. In diesem Fall bietet es sich an, methodisch auf das sog. T-Schema zurückzugreifen. Mit ihm kann man in kurzer Zeit Argumente für und gegen eine These sammeln, um eine strukturierte Bewertung des Themas oder der Sachlage zu erreichen. Das Prinzip ist einfach: Auf einem Blatt Papier oder auch einem Flipchart – wenn man die Methode in der Gruppe anwendet – schreibt man in die Mitte ein großes „T" und sammelt links die

2

Pro- und rechts die Kontra-Argumente. Für noch nicht zuordenbare Argumente kann man unten noch genug Platz lassen und immer wieder prüfen, ob diese Argumente nicht doch der linken oder der rechten Seite zugeordnet werden können.

Zusammenfassend sehen Sie hier nochmals die wichtigsten Kreativitätstechniken im Überblick, die den zweiten Schritt der Vorbereitung einer Rede systematisch unterstützen können:

Methode	Prinzip	Voraussetzung
Brainstorming	mündliches Sammeln von Ideen und Gedanken	offenes und konstruktives Kommunikationsklima
Kartenmethode	schriftliches Sammeln von Ideen auf der Basis von Karten	Bereitstellung von Karten und Pinnwänden zur Darstellung
Methode 6-3-5	schriftliches Sammeln und Weiterentwickeln von Ideen	offenes Kommunikationsklima
Mindmapping	schriftliches Strukturieren von Ideen und Gedanken	Akzeptanz der etwas unstrukturierten Darstellungsweise
T-Schema	Sammeln von Pro- und Kontra-Argumenten	großes Blatt Papier bzw. Flipchart und geeignetes Thema

2.3 Fokussierung: Wie lautet die Botschaft?

Stehen Thema der Rede, Ziele und Erwartungen des Publikums fest und sind erste Ideen und Gedanken zum Thema gesammelt, ist eine zugrunde liegende Botschaft für die Rede zu formulieren. Diese Botschaft sollte in einem Satz zusammengefasst werden. Idealerweise zielt sie auf die Erwartungen der Zielgruppe und spiegelt diese Erwartungen wider.

2

AUF EINEN BLICK

Ein professioneller Redner formuliert für seine Rede eine Botschaft in einem Satz, um zu verdeutlichen, welche Inhalte vermittelt werden sollen und worauf der Fokus liegt.

Durch die Formulierung einer Botschaft

- kommt explizit zum Ausdruck, worauf sich der Vortrag inhaltlich fokussiert,
- lässt sich prüfen, ob die Erwartungen von Publikum und Auftraggeber tatsächlich erfüllt werden,
- wird auch dem Redner noch einmal klar, worauf er fokussiert ist,
- lässt sich prüfen, ob die gesammelten Materialien und Argumente tatsächlich stimmig sind,
- wird die Gefahr des „Verzettelns" geringer, da man sich auf die Botschaft konzentriert,
- lässt sich einfacher ein Titel für die Rede finden.

Nicht immer gelingt es jedoch, eine prägnante Botschaft zu formulieren, die sämtliche zu vermittelnde Aussagen auch enthält. Dies gilt v. a. bei komplexeren Themen, bei denen sich oft mehrere grundlegende Aussagen formulieren lassen. In diesem Fall hilft es, die Kernbotschaft weiter zu differenzieren und unterstützende Thesen oder Aussagen zu formulieren, die die Kernbotschaft untermauern und die Rede gleichzeitig strukturieren. Zu viele Thesen sollten es jedoch nicht sein. Denn dann besteht die Gefahr, dass dem Vortrag die Prägnanz genommen wird. Sie sollten also mit Bedacht vorgehen und sich auf die allermöglichsten und aussagekräfigsten Thesen beschränken.

INFO

Als Faustregel gilt: Ein Vortrag oder eine Rede sollte nicht mehr als drei Thesen enthalten. Werden mehr Thesen formuliert, sind sie zu bündeln.

Sind Kernbotschaft und Thesen formuliert, kann der nächste Schritt erfolgen: Es lassen sich aus den existierenden Materialien und Inhalten erste Aussagen zuordnen und festlegen, die die Thesen unterstützen.

2

2.4 Strukturierung: Welche Gliederung ist sinnvoll?

Kernbotschaft und Thesen liefern eine erste Struktur für die zu haltende Rede. Diese Struktur ist jedoch oft nicht ausreichend. Im nächsten Schritt ist daher eine detailliertere Struktur und Gliederung zu erstellen. Ziel dieser Gliederung ist es, die gesammelten Ideen und Aussagen zu ordnen und in eine in sich geschlossene Struktur zu führen. Insgesamt existieren verschiedene Möglichkeiten, eine Rede zu strukturieren.

AUF EINEN BLICK

Bei der Gliederung und Strukturierung der Rede gelten folgende Grundsätze:
→ Je klarer und übersichtlicher eine Rede gestaltet ist, desto freier kann der Redner sprechen und desto sicherer wirkt er.
→ Je strukturierter Inhalte dargelegt werden, umso mehr behält der Zuhörer davon. Denn erfahrungsgemäß speichert dieser weniger isolierte Fakten, als vielmehr die vom Redner hergestellten Bezüge und Gedankenverknüpfungen.

Gerade im Hinblick auf die Wirkung beim Zuhörer erfüllt die Gliederung eine sehr wichtige Funktion. Folglich hat ein professioneller Redner bei der Strukturierung seiner Rede immer den Zuhörer im Blick. Prinzipiell geht die Gliederung zwar von der Struktur der Sache aus, orientiert sich aber immer an Redeziel und Zuhörer: Was sollen die Zuhörer in welcher Reihenfolge erfahren und erkennen, damit ihre Erwartungen erfüllt werden?

Erster Schritt: Gliederung
Wie jeder Bericht oder Schulaufsatz enthält jede Rede eine Einleitung, einen Hauptteil und einen Schluss. Dabei gilt als Faustregel:
• Die Einleitung führt zum Thema hin.
• Der Hauptteil behandelt das eigentliche Thema.
• Der Schluss enthält eine inhaltliche Zusammenfassung und zeigt die Konsequenzen für das Publikum auf.

Im Folgenden werden nun verschiedene typische Gliederungsmöglichkeiten aufgezeigt, in denen zum Teil explizit die grundlegende Strukturierung Einleitung – Hauptteil – Schluss deutlich wird; zum Teil liegt diese Struktur jedoch lediglich implizit zugrunde.

(1) Zwei-Punkte-Gliederung

Diese elementare Grundform einer Gliederung dient im Wesentlichen zur Verdeutlichung eines Gegensatzes. Sie eignet sich eher für kurze Redebeiträge, lässt sich aber auch gut in andere Gliederungen einbauen. Typische Beispiele sind:

- Schein: Die anderen behaupten, dass ...
- Wirklichkeit: Tatsache ist, dass ...

oder

- Negativ: Nachteil dieser Maßnahme ist ...
- Positiv: Dagegen steht der Vorteil, dass ...

Es liegt nahe, dass diese Gliederungspunkte jeweils den Hauptteil betreffen; Einleitung und Schluss sind darüber hinaus entsprechend zu formulieren.

(2) Drei-Punkte-Gliederung

Die typische Drei-Punkte-Gliederung geht dagegen von der grundlegenden Struktur Einleitung – Hauptteil – Schluss aus. Typische Beispiele hierfür sind:
1. Einleitung: Hinführung zum Thema
2. Hauptteil: Darlegung des Problems
3. Schluss: Konsequenz für die Zuhörer aufzeigen

Typisches Beispiel ist:
1. Ausgangspunkt: Was lief in der Vergangenheit schlecht?
2.Hauptteil: Was ist heute zu tun?
3. Schluss: Welche Konsequenzen und Risiken sind damit verbunden?

Geht es um die Lösung eines existierenden Problems, bietet sich folgendes Modell an:
1. Ausgangspunkt: Darstellung des Ist-Zustandes
2. Ziel: Erläuterung eines denkbaren Soll-Zustandes
3. Weg: Erarbeitung eines möglichen Lösungsweges

(3) Fünf-Punkte-Gliederung

Mitunter reicht eine Zwei- oder Drei-Punkte-Gliederung aufgrund der Komplexität des Themas nicht aus. In diesem Fall bietet sich die Fünf-Punkte-Gliederung an, die letztlich eine Weiterentwicklung der Drei-Punkte-Gliederung darstellt. Sie eignet sich v. a. dann, wenn das Thema zu komplex ist und genügend Redezeit vorhanden ist. Ein typisches Beispiel ist:

1. Interesse wecken
2. Kerngedanken nennen
3. Kerngedanken begründen
4. Vorteile für das Publikum aufzeigen
5. Zum Handeln auffordern

Ziel dieser Gliederung ist es, das Publikum von einem Thema zu überzeugen und es letztlich zu bestimmten Handlungen zu motivieren. Typisches Beispiel ist eine Entscheidungs- oder Beratungsrede.

(4) Offene Gliederungsschemata

Mitunter – v. a. bei komplexen Themen – bietet sich auch ein eher offen gestaltetes Gliederungsschema an, in dem die Grundgliederung Einleitung – Hauptteil – Schluss ausgebaut wird, und ganz flexibel an das jeweilige Thema angepasst werden kann:

1. Ausgangspunkt: Warum beschäftigen wir uns mit diesem Thema und mit diesen inhaltlichen Schwerpunkten?
2. Eigener Standpunkt: Wie sehe ich das Thema, welche positiven oder negativen Folgen hat es und was muss sich ändern?
3. Konsequenz: Wie gehen wir mit dem Thema um und was kann das Publikum tun?

Zweiter Schritt: Argumente und Ideen

Steht die Gliederung, ist ein wichtiger Schritt getan. Der Redner weiß, in welche Richtung er seine Rede gestaltet, hat eine Richtschnur und kann jetzt damit beginnen, die vorhandenen Argumente und Ideen den Gliederungspunkten zuzuordnen. Konkret bedeutet das, jedem Gliederungspunkt diejenigen Argumente und Aussagen zuzuordnen, die zu dem Gliederungspunkt gehören und die die Aussage des jeweiligen Gliederungspunktes am besten unterstreichen können.

2

Bei der Zuordnung der Argumente zu den Gliederungspunkten sollte man sich übrigens immer wieder das Publikum, den Auftraggeber und die Ziele vor Augen halten. Dadurch lässt sich zum einen die erstellte Gliederung nochmals prüfen, zum anderen lassen sich auch die verschiedenen Argumente noch einfacher zuordnen.

2.5 Formulierung: Jetzt geht's ans Manuskript

Thema, Gliederung und Struktur stehen – jetzt geht es an das Formulieren eines Grobentwurfs oder auch eines ausgefeilten Manuskripts, auf dessen Basis Sie die Rede halten. Dieser Grobentwurf bzw. dieses Manuskript sollte alle diejenigen Informationen umfassen, die ein Redner benötigt, um den Vortrag zu halten. Allerdings kann das Manuskript ganz unterschiedlich gestaltet sein. Das Spektrum reicht dabei von einem ausformulierten Text bis hin zum Verzicht auf ein Manuskript im eigentlichen Sinne, da die Informationen in der Beamer-Präsentation oder auf dem Flipchart für den Vortrag vollkommen ausreichen.

AUF EINEN BLICK

Wird der Text ausformuliert, helfen folgende Regeln:
→ großer Schriftgrad (mindestens 14 Punkt) und Zeilenabstand (mindestens 1,5),
→ Verwendung deutlicher Absätze, Einrückungen und Gliederungssymbole zur Strukturierung des Textes,
→ Markierung der wichtigen Thesen und Aussagen durch Fettdruck, farbliche Unterlegung oder farbliche Hervorhebung.

2

Variante 1: Ausformuliertes Manuskript

Hier wird der gesamte Redetext deutlich lesbar auf entsprechende Blätter geschrieben. Wichtig ist dabei nicht nur, dass die Rede tatsächlich lesbar ist – wie peinlich ist es, wenn der Redner während der Rede seine eigene Schrift nicht mehr lesen kann. Wichtig sind auch eine übersichtliche Gliederung sowie Hervorhebungen, damit sich der Redner während der Rede gut orientieren kann.

Aber Achtung, auch wenn ein so gestaltetes und ausformuliertes Manuskript geradezu dazu einlädt, vorgelesen zu werden, sollte dies nur in Ausnahmefällen passieren. Typisches Beispiel ist eine am Lesepult gesprochene Festrede zum Firmenjubiläum. In den meisten Fällen macht es einen besseren Eindruck bzw. wird es immer mehr erwartet, auf der Basis des ausformulierten Manuskripts möglichst frei zu sprechen und das Manuskript nur als Hilfsmittel und zur Unterstützung zu verwenden. Dann kann es durchaus hilfreich sein, da es Sicherheit vermittelt und sich der Redner den Text schon während des Ausformulierens sprachlich angeeignet hat. Insofern gilt: Ein professioneller Redner nutzt den ausformulierten Redetext, um sich selbst bei der Rede Sicherheit zu geben.

Variante 2: Halb formuliert – halb frei

Auch bei dieser Methode arbeitet der Redner mit Manuskriptblättern, faltet sie aber so, dass eine obere und eine untere Hälfte entstehen. Auf der oberen Hälfte wird nun der Redetext ausformuliert und Blatt für Blatt geschrieben – genauso wie bei dem ausformulierten Manuskript. Auf der unteren Hälfte werden dann der entsprechende Leitgedanke und ergänzend einige weiterführende Stichworte notiert. Wichtig ist dabei, dass die Stichworte auf der unteren Hälfte zu dem ausformulierten Text auf der oberen Hälfte passen. Für die Gestaltung gelten die gleichen Tipps und Regeln wie bei der Gestaltung eines ausformulierten Manuskripts.

Für die Rede selbst wird dann die obere Hälfte nach hinten umgeklappt und auf der Rückseite mit der unteren Hälfte so verklebt, dass stabile Kärtchen im DIN-A5-Format entstehen. Der Redner entwickelt bei der Rede dann seine Gedanken möglichst frei auf der Basis der Stichworte. Auf den ausformulierten Redetext der Rückseite sollte er nur dann zurückgreifen, wenn er nicht mehr weiter weiß oder wenn er ein wörtliches Zitat ablesen muss.

AUF EINEN BLICK

Ein professioneller Redner nutzt die Methode „Halb frei – halb formuliert" nur dann, wenn er an sich frei sprechen möchte, für Zitate oder für ein größeres Sicherheitsgefühl aber Zugriff auf die ausformulierte Rede haben möchte.

Variante 3: Stichwort-Manuskript

Soll die zu haltende Rede nicht komplett ausformuliert werden, hilft die Verwendung eines Stichwort-Manuskripts. Bei dieser Methode verwendet der Redner möglichst nur ein einziges DIN-A4-Blatt, das gut sichtbar und leicht erreichbar vor ihm liegt. Auf diesem Blatt stehen möglichst groß und deutlich die Kerngedanken, Kernaussagen oder auch die zugrunde liegenden Thesen des Vortrags in Stichworten – ähnlich wie ein Inhaltsverzeichnis. Zusätzliche Gedanken und wichtige Aspekte können als Stütze notiert werden. Während des Vortrags versucht der Redner dann, seine Rede anhand der festgehaltenen Leitgedanken möglichst frei zu formulieren. Dabei sollte er sich weitgehend vom Blatt lösen und nur im Notfall auf die stützenden Stichworte zurückgreifen.

INFO

Professionelle Redner schreiben die Hauptgedanken in einer großen Schrift auf und notieren zusätzliche Hinweise, Stichworte und wichtige Aspekte mit Bleistift bzw. einer kleineren Schrift.

Allerdings – zwei Sätze sollten auch auf dem Stichwort-Manuskript ausformuliert sein: ein guter Einstiegssatz und ein treffendes Ende. Denn gerade beim Einstieg schlägt das Lampenfieber häufig zu und dann fällt einem der gute Satz, für den man ein Stichwort notiert hat, nicht mehr ein. Dies lässt sich vermeiden, wenn ganz oben auf dem Stichwortblatt ein bis zwei Einleitungssätze stehen, um souverän beginnen zu können.

Genauso verhält es sich mit dem Schluss: Er kann noch so gut überlegt und durchdacht sein, wenn er nur durch Stichworte wiedergegeben ist, besteht die Gefahr des Vergessens. Vermeiden lässt sich auch das ganz einfach: Schreiben Sie ihn an den Schluss des Blattes.

2

Variante 4: Karteikarten

Ganz ohne Rednerpult kann der Redner bei der Verwendung von Karteikarten agieren. Voraussetzung hierfür sind Karteikarten, die die Größe DIN-A6 oder DIN-A7 haben und die während der gesamten Rede in der Hand gehalten werden können. Jede dieser Karten enthält in der Überschrift einen Kerngedanken oder eine Kernaussage sowie anschließend drei bis fünf weiterführende Stichworte. So könnte eine Karteikarte beispielsweise wie folgt aussehen:

Warum sprechen Redner häufig nicht frei?

Ideal: freies Sprechen, wirkt sicher und glaubwürdig, erlaubt Blickkontakt und direktes Feedback

Aber: Gefahr von Aufregung und Lampenfieber; Angst, sich zu versprechen und den Faden zu verlieren

Folge: Stures Ablesen vom Manuskript, kein Blickkontakt, wirkt langweilig

Lösung: Stichwortliste mit den wichtigsten Aspekten

INFO

Karteikarten sind enorm flexibel einsetzbar – als Redner kann man zwischen den verschiedenen Karten quasi hin und her springen oder auch Karten einfach überspringen. Damit dies leichter gelingt, sollte man die Karten farblich codieren: Muss-Karten, deren Inhalt auf jeden Fall erwähnt werden muss, werden rot markiert; Soll-Karten, die zusätzlich erwähnt werden können, aber nicht unbedingt müssen, werden gelb oder blau markiert. Zusätzliche Nice-to-Have-Karten, die beispielsweise weiß oder in einer anderen unauffälligen Farbe markiert werden, können Anekdoten, Exkurse oder Zitate enthalten.

AUF EINEN BLICK

Wenn Sie mit Karteikarten arbeiten, denken Sie daran:

→ Nicht mehr als Überschrift/Kerngedanke sowie vier bis fünf grobe Stichworte pro Karte.

→ Überschrift/Kerngedanke sowie grobe Stichworte hervorheben.

→ Karten durchnummerieren.

→ Auf die erste Karte kommt der Einleitungs-, auf die letzte der Schlusssatz.

Variante 5: Mediengestütztes Manuskript

Schließlich gibt es noch eine ganz andere Variante: Man nutzt die zur Verfügung stehenden Medien, um einen Leitfaden und eine Grobstruktur für die Rede zu erhalten.

Typische Beispiele sind:

- ein vorbereitetes Flipchart, das die Grundstruktur bzw. die Kernaussagen enthält,
- eine Folie mit der Grundstruktur oder Kernaussagen, die auf den Overheadprojektor gelegt wird,
- eine Pinnwand, die die wichtigsten Kernaussagen oder die wesentlichen Inhaltspunkte auf Karten enthält,
- vorbereitete Folien für einen Vortrag mit Beamer oder Overheadprojektor, die die wichtigsten Leitgedanken und Aussagen enthalten.

In diesem Fall werden die Medien so eingesetzt, dass sie nicht nur dem Publikum für ein besseres Verständnis, sondern auch dem Redner quasi als Spickzettel oder als eine Art Stichwortzettel für seinen Vortrag dienen.

Welche Variante für welche Rede?

Folgende Tabelle zeigt die verschiedenen Manuskriptformen nochmals im Überblick:

Variante	Prinzip	Vorteil
Formuliertes Manuskript	Vollständige Ausformulierung	Sicherheit
Halb formuliert– halb frei	Stichworte neben vollständig formulierter Rede	Sicherheit; verbesserte Basis für freie Reden
Stichwortzettel	Struktur und wichtigste Kernaussagen	Basis für freie Reden
Karteikarten	Kernaussagen und wichtigste Inhalte werden auf Karteikarten notiert	hohe Flexibilität; Basis für freie Reden
Mediengestützt	Einsatz von Medien als Unterstützung für Redner	Rede erscheint frei gesprochen

2

2.6 Nicht vergessen: Anfang und Schluss

Es wurde schon deutlich – die meisten Gliederungsformen gehen explizit oder implizit von dem zugrunde liegenden Gliederungsschema Einleitung – Hauptteil – Schluss aus. Meistens beschäftigt man sich jedoch primär mit dem Hauptteil, gliedert ihn noch weiter, formuliert ihn aus etc. Dabei vergisst man jedoch schnell, für die Einleitung und den Schluss eine gute und passende Formulierung zu finden.

> **AUF EINEN BLICK**
>
> Jede Rede sollte einen guten und motivierenden Einstieg sowie einen treffenden prägnanten Schluss haben.

Wichtig: Der gute Einstieg

Der Erfolg jeder Rede hängt entscheidend von einem gelungenen Beginn ab. Denn durch einen guten Einstieg wird schnell der notwendige Kontakt zu den Zuhörern hergestellt und elegant zum eigentlichen Thema hingeleitet, ohne mit der Tür ins Haus zu fallen. Außerdem wird eine evtl. vorhandene Anfangsspannung überwunden, wenn man merkt, dass man mit seinem Einstieg bei den Zuhörern angekommen ist.

> **INFO**
>
> Der Einstieg ist nicht zu verwechseln mit Begrüßung und Vorstellung. Ziel eines guten Einstiegs ist es, das Publikum für das Thema zu interessieren; die Absicht der Begrüßung ist, das Publikum willkommen zu heißen; und die Vorstellung hat den Zweck, dem Publikum einen Überblick über die Person des Redners zu geben.

Diese Vorstellung kann entweder durch den Redner selbst erfolgen und in den erweiterten Einstieg integriert werden. Dann sollte man dies bei der Vorbereitung des Einstiegs einplanen. Oder man lässt sich durch einen Dritten vorstellen. Diese Variante gilt als professioneller und sollte – falls möglich – immer gewählt werden.

Doch wie lässt sich nun ein gelungener Einstieg herstellen bzw. der erste Satz der Rede so formulieren, dass die Zuhörer tatsächlich aufhorchen und interessiert sind? Prinzipiell ist jeder Einstieg richtig, wenn er das Ziel der Rede erfüllt und der jeweiligen Redesituation tatsächlich angemessen ist. Je origineller der Einstieg allerdings ist, desto größer ist die Chance, das Publikum sofort für das Thema zu gewinnen. Dies bedeutet aber auch, dass typische klassische Einstiege, wie man sie bei vielen Reden hört, zu vermeiden sind.

Hierzu zählen beispielsweise folgende Formulierungen:
- „Es freut mich sehr …"
- „Ich habe das Vergnügen …"
- „Wenn Sie gestatten …"
- „Danke für Ihre Aufmerksamkeit …"
- „Ich darf Ihnen heute …"
- „Meine sehr geehrten Damen und Herren …"

All diese und weitere Einstiege, die in die gleiche Richtung gehen, sind Langweiler, die das Publikum einen eben solchen Vortrag befürchten lassen. Dies ist schade und lässt sich vermeiden.
Vielversprechender sind solche Einstiege, wie sie hier im Folgenden aufgezeigt werden:

INFO

Auch wenn es als klassischer Einstieg gilt, ist es oft dennoch sinnvoll: das Anknüpfen an einen Vorredner. Typisches Beispiel ist „Wie Herr Meier in seinem Vortrag gerade ausführte …" So wird der Bezug zum übergreifenden Thema deutlich.

1. Einstieg durch Aktivierungselemente

Ziel ist es, das Publikum von Anfang an zu beteiligen. Möglich ist dies beispielsweise durch einen Filmausschnitt, ein Video, eine Bildersequenz, ein Musikstück oder auch einen mitgebrachten Gegenstand, mehr oder weniger provozierende Fragen, absichtlich falsche Aussagen, die zu Korrekturen führen, rhetorische Fragen oder auch durch die Anregung zur aktiven Beteiligung der Zuhörer.

2

Ein professioneller Redner beginnt eine Rede nie mit einer direkten Frage. Denn hier besteht die Gefahr, dass sie unbeantwortet bleibt oder die falsche Antwort gegeben wird.

2. Einstieg mit Sachargumenten

Verwendet man als Einstieg ein Sachargument, so ist es das Ziel, die eigene Glaubwürdigkeit als Redner zu unterstützen. Möglich ist dies beispielsweise durch Expertenzitate, Referenzen, Statistiken, Forschungsergebnisse, Demonstrationen sowie durch Hinweise auf Gegenwartsprobleme oder auch auf aktuelle Daten.

3. Einstieg mit Gefühlsargumenten

Mit einem Gefühlsargument gleich zu Beginn der Rede gelingt es, sofort die Gefühle des Publikums anzusprechen. Typisch hierfür sind Beispiele aus dem persönlichen Umfeld, aktuelle Nachrichten, Vergleiche, Geschichten, Witze, Komplimente, historische Erfahrungen und Erlebnisse sowie das Aufgreifen der Stimmung im Publikum.

Konkrete Beispiele für einen aktivierungs-, sach- oder gefühlsgesteuerten Einstieg sind:

- Der aktuelle Einstieg – z. B. mit einer Zeitungsmeldung über aktuelle Nachrichten.
- Der klassische Einstieg – z. B. mit einem Zitat.
- Der aktivierende Einstieg – z. B. mit einer Frage, die durchaus auch rhetorisch gemeint sein kann.
- Der aggressive Einstieg – z. B. mit einer Provokation, um das Publikum quasi aufzurütteln.
- Der überraschende Einstieg – z. B. mit einer Falschaussage, um das Publikum in Erstaunen zu versetzen oder zu überraschen.
- Der ernste Einstieg – gleich zur Sache kommen, wenn beispielsweise Thema und Ziel der Präsentation bekannt sind.
- Der heitere Einstieg – Humor entspannt, um schnell eine aufnahmebereite Atmosphäre zu erreichen.

- Der persönliche Einstieg – z. B. mit einem persönlichen Erlebnis, um die Akzeptanz beim Publikum zu erhöhen.
- Der anerkennende Einstieg – z. B. durch Lob, um eine harmonische und entspannte Stimmung zu erzeugen.
- Der vergleichende Einstieg – z. B. mit einer Analogie, um das Publikum zum Mitdenken aufzufordern.
- Der spontane Einstieg – z. B. durch momentane Ereignisse.
- Der demonstrierende Einstieg – z. B. durch einen Film. Auch wenn diese Form des Einstiegs mit die höchste Form der Aufmerksamkeit erzeugt, sollte man auch nach kurzer Zeit wieder damit aufhören, denn sonst besteht die Gefahr, dass das Publikum schnell in eine inaktive Konsumhaltung verfällt.

INFO

Achtung: Gehen Sie mit Gefühlsargumenten vorsichtig und gezielt um. Denn hier liegt die größte Gefahr darin, unglaubhaft zu werden. Typisches Beispiel ist der Politiker, der sich um 10.00 Uhr freut, vor diesem netten Publikum der Stadt X zu sprechen und der um 11.00 Uhr dasselbe in der Stadt Y sagt. Derartige Floskeln glaubt keiner mehr. Ähnliches gilt bei einem persönlichen Einstieg. Der Zuhörer sollte nie mit persönlichen Problemen gelangweilt werden.

Nach dem Einstieg: Begrüßung und Selbstvorstellung

Nach einem gelungenen Einstieg ist es wichtig, die Spannung zu halten. Dies ist durch eine höfliche, aber kurze und knappe Begrüßung des Publikums möglich. Ist die Vorstellung noch nicht durch Dritte erfolgt, geschieht an dieser Stelle auch die Selbstvorstellung. Auch hier sollte man sich kurzfassen, denn eine zu lang vorgetragene Biografie des Redners langweilt das Publikum nur. Viel wichtiger ist der folgende Punkt.

Spannung halten: Abschalten verhindern

Noch gilt es, die Spannung zu halten, damit das Publikum nicht abschaltet. Denn das wäre bei der ganzen Mühe zu schade. Wie lässt sich das erreichen? Ganz einfach – an dieser Stelle sollte der Redner sagen, dass in Kürze ein Überblick darüber gegeben wird, worum es in seinem Vortrag geht.

2

Ein professioneller Redner fordert das Publikum an dieser Stelle zu einer kleinen Veränderung auf. Er bittet das Publikum, näher oder weiter weg zu rücken, den Raum heller oder dunkler zu machen oder auch nur die Unterlagen zur Hand zu nehmen.

Und jetzt: Das Thema

In diesem neuen Rahmen ist es dann ein kleiner Schritt, dem Publikum einen Überblick über Thema und Inhalte zu geben.

Möglich ist dies durch:
- Nennung des Themas
- Aufzeigen der Botschaft
- Überblick über die Struktur
- Erwähnung organisatorischer Details
- Eingehen auf die Motivation der Teilnehmer
- Erläuterung der eigenen Motivation
- Idealerweise sollten Sie von hier aus direkt zum Hauptteil überleiten, d. h. zum ersten Argument oder auch zur ersten These.

Genauso wichtig: Das Ende

Stellen Sie sich vor, eine gute Rede zu einem spannenden Thema, gehalten von einem sehr guten Redner, endet mit den Worten: „Das wär's" oder „Jetzt bin ich am Ende". Ist das nicht traurig? Genauso wie sich der Beginn einer Rede vorbereiten und planen lässt, sollte auch das Ende geplant und entsprechend vorbereitet werden.

Dabei können bzw. sollten folgende Elemente enthalten sein:
- Wiederholung der Botschaft: Worum ging es in der Rede?
- Bezugnahme auf den Redeanfang: Was waren Ausgangspunkt und Ziel der Rede?
- Zusammenfassung der wichtigsten Thesen: Welche Thesen und Aussagen standen im Mittelpunkt?
- Bedeutung für das Publikum in der Zukunft: Was kann das Publikum mit dem Gehörten anfangen?

- Zitat: Möglicherweise passen zum Abschluss ein schönes Zitat, ein Sprichwort oder ein Gedicht, die Problematik oder auch Ergebnisse nochmals zusammenfassen.
- Dank: Jeder Schluss sollte einen Dank an das Publikum und auch den Veranstalter beinhalten.

AUF EINEN BLICK

Ein professioneller Redner bereitet den Schluss einer Rede vor dem Anfang vor. Dadurch werden Ziel und Richtung nochmals explizit deutlich. Zudem gilt: Das Ende bleibt den Zuhöhrern immer am längsten in Erinnerung, also sollte man ihm schon einige Aufmerksamkeit widmen.

2.7 Checklisten: Wichtige Unterstützung

In den vorhergehenden Abschnitten wurden die wichtigsten Schritte der Vorbereitung einer Rede aufgezeigt. Zusammenfassend wurde dabei deutlich, wie wichtig es ist,

- Thema/Anlass sowie Erwartungen von Publikum und Auftraggeber zu kennen bzw. zu definieren,
- eigene Erwartungen und Ziele zu erkennen,
- geeignete Argumente und Aussagen vor diesem Hintergrund zu sammeln,
- eine Kernbotschaft und evtl. Kernthesen zu formulieren,
- eine sinnvolle Gliederung zu erstellen,
- die gefundenen Argumente und Ideen den groben Gliederungspunkten zuzuordnen,
- ein Manuskript oder eine Art Leitfaden für die Rede auf dieser Basis zu erstellen,
- rechtzeitig an eine gute Formulierung von Anfang und Ende der Rede zu denken.

Zur Unterstützung all dieser Schritte dienen die folgenden Checklisten:

2

Checkliste 1: Übergreifende Checkliste

Sind Publikum und Auftraggeber bekannt?

Sind Erwartungen der Zielgruppen bekannt?

Ist die Redesituation bekannt?

Ist der Anlass bekannt bzw. definiert?

Ist das Thema konkretisiert?

Sind die wichtigsten Argumente gesammelt?

Können Kreativitätstechniken unterstützen?

Ist eine Botschaft formuliert?

Sind die wesentlichen Thesen formuliert?

Stehen Struktur und Gliederung?

Passen Botschaft, Thesen sowie Struktur?

Ist ein passendes Manuskript formuliert?

Checkliste 2: Vorbereitung einer Standard-Rede

Thema der Rede:

Anlass:

Art und Anzahl des Publikums:

Erwartungen des Auftraggebers:

Geschätzte Erwartungen des Publikums:

Vorwissen/Informationsstand des Publikums:

Kernbotschaft/Thesen:

Wichtigste Argumente:

Reihenfolge der Argumente:

Einleitung:

Schluss:

Zu erwartende Gegenargumente:

Wichtige Diskussionspunkte:	
Art des Manuskripts:	

Checkliste 3: Strukturierung einer Motivationsrede

Thema der Rede:	
Anlass:	
Art und Anzahl des Publikums:	
Aufmerksamkeit lässt sich erregen durch:	
Interesse lässt sich wecken durch:	
Der Drang der Zuhörer lässt sich richten auf:	
Zur Aktion lässt sich aufrufen durch:	
Zu erwartende Gegenargumente:	
Wichtige Einwände:	
Art des Manuskripts:	

Checkliste 4: Strukturierung einer Argumentationsrede

Thema der Rede:	
Anlass:	
Art und Anzahl des Publikums:	
Pro-Argumente (Thesen) sind:	
Begründen lassen sich diese Argumente durch:	
Kontra-Argumente (Antithesen) sind:	
Relativieren lassen sich diese Kontra-Argumente durch:	
Ein Kompromiss ist erreichbar durch:	
Zu erwartende Gegenargumente:	
Wichtige Einwände:	
Art des Manuskripts:	

2

Checkliste 5: Vorbereitung einer Informationsrede

Thema der Rede:	
Anlass:	
Art und Anzahl des Publikums:	
Erwartungen des Auftraggebers:	
Geschätzte Erwartungen des Publikums:	
Vorwissen/Informationsstand des Publikums:	
Aufmerksamkeit lässt sich erzeugen durch:	
Interesse wird geweckt durch:	
Wichtige zur Verfügung stehende Informationen:	
Ein „Aha-Erlebnis" lässt sich aufrufen durch:	
Geeignetes Fazit:	
Art des Manuskripts:	

Checkliste 6: Vorbereitung einer Laudatio

Person, über die gesprochen werden soll:	
Familiäres Umfeld:	
Anlass:	
Publikum:	
Bezug zu dieser Person:	
Privates, Menschliches:	
Berufliche Leistungen:	
Gesellschaftliches Engagement:	
Auf keinen Fall zu vergessende Aspekte:	
Art des Manuskripts:	

3. Auftritt: Ton und Gestik sind wichtig

Thema und Argumente können noch so gut und professionell aufbereitet und vorbereitet sein, werden sie in nuschelndem Ton und mit nicht authentischer Gestik vorgetragen, nützt die ganze Vorbereitung wenig. Neben der inhaltlichen Vorbereitung der Rede sollte man auch den Auftritt als Redner schon im Vorfeld üben.

Folgende Aspekte sind dabei wichtig:

- Habe ich mich ausreichend auf die Rede vorbereitet?
- Kann ich mich verständlich ausdrücken?
- Passen meine Mimik, Haltung und Gestik mit den Ausführungen zusammen?
- Sind Art, Inhalt und Reihenfolge der Argumente in dieser Weise überzeugend?
- Kenne ich die wichtigsten Fragetechniken?
- Beherrsche ich die wichtigsten Präsentationstechniken und kann ich sie bei der Rede anwenden?

Und schließlich: Neige ich vor der Rede zu Lampenfieber oder gelingt es mir, souverän und sicher aufzutreten?

3.1 Lampenfieber: So lässt es sich bekämpfen

Lampenfieber tritt selten geplant auf. Im Gegenteil: Es steht ein schwieriges Telefonat an, bei einem Vorstellungsgespräch wartet man darauf, hereingerufen zu werden, die erste Rede vor einem größeren Publikum ist zu halten oder in einer Projektbesprechung werden von jedem Teilnehmer ein paar Worte zum Stand der Dinge erwartet. Jeder kennt das Gefühl: Auf einmal spürt man Angst, sich zu blamieren, zu stottern, sich zu verhaspeln, rot zu werden, rote Flecken am Hals zu bekommen, den Faden zu verlieren oder im schlimmsten Fall einen Blackout zu haben. Da ist es auch nicht beruhigend, wenn man sich vorstellt, dass es so fast allen Menschen geht, die vor derartigen Situationen und Herausforderungen stehen.

3

Prinzipiell ist die in diesen Situationen typischerweise auftretende Nervosität nichts Schlimmes, das unbedingt bekämpft werden soll. Denn diese Form der Nervosität gehört bei derartigen Situationen dazu und zeigt, dass Sie als Redner die Situation als Herausforderung betrachten und das sollte auch so sein. Lampenfieber ist somit zunächst positiv; auch der damit verbundene Ausstoß von Adrenalin hilft, die Situation besser zu bewältigen.

AUF EINEN BLICK

Ein professioneller Redner betrachtet die vor einer Rede auftretende Nervosität als positiv und als Hilfe für die anstehende Rede.

Nervosität oder auch Lampenfieber sind nur dann unangenehm, wenn sie sich auf das Verhalten des Redners während des Vortrags auswirken: Man weiß nicht, wohin mit den Händen, die Stimme versagt, man fühlt die roten Flecken am Hals und man redet zunehmend unsicher und leise. In diesem Fall gibt es nur eine Gegenstrategie: Akzeptieren Sie Ihre Unsicherheit. Sie gehört dazu und setzt Energien frei, die Sie benötigen, um dann bei der Rede richtig gut zu sein.

Allerdings gibt es auch ein paar konkrete Tipps, wie man dafür sorgen kann, dass das Lampenfieber nicht unerträglich und zu einem echten Negativfaktor während des Vortrags wird:

1. Vorbereitung ist alles

Je unbekannter eine Situation ist, desto größer sind die Befürchtungen und das daraus entstehende Lampenfieber. Dies betrifft sowohl das situative Umfeld als auch die Situation Ihrer Person als Redner. Eine gute Vorbereitung gibt Sicherheit und hilft, dem Lampenfieber entgegenzuwirken.

2. Pünktliches Erscheinen

Sicherheit lässt sich auch dadurch erreichen, dass man pünktlich und rechtzeitig zu einem Vortragstermin erscheint und nicht abgehetzt und gestresst. Gerade Letzteres kann zu einer Art Teufelskreis führen: Die Angst vor möglichen negativen Folgen erhöht Nervosität und Lampenfieber.

3. Gedankliches Einstellen auf die Situation

Sicherheit lässt sich auch dadurch erlangen, dass man sich gedanklich auf die Situation, eine Rede vorzutragen, einstellt und sich im Vorfeld schon Gedanken darüber macht, wie man vor dem Publikum steht, wie man mit der Rede beginnt, welche Übergänge man einbaut und wie man die Rede möglicherweise beendet.

4. Positives Einstimmen

Zum Erwerb von mehr Sicherheit gehört auch, sich schon im Vorfeld und v. a. auch während der Rede um eine positive Einstellung zum Thema und zur Redesituation zu bemühen. Dies gilt gerade dann, wenn das Thema nicht selbst gesucht wurde oder die Rede nicht freiwillig gehalten wird, sondern z. B. aufgrund von Projekterfordernissen oder Machtverteilung im Unternehmen delegiert wurde.

Das Publikum kann letztlich nichts dafür, dass ein Redner einen Vortrag oder eine Präsentation gegen seinen Willen halten muss. Ist man als Redner jedoch positiv gestimmt und tritt man dem Publikum mit einem freundlichen Gesichtsausdruck gegenüber, dann kann man auch mit den entsprechenden positiven Gegenreaktionen rechnen.

5. Mit den Teilnehmern reden

Falls es Zeit und Ort zulassen, ist es hilfreich, im Vorfeld der Rede mit den Anwesenden zu sprechen, d. h. mit den Auftraggebern und mit dem Publikum selbst. Dies hat mehrere Vorteile: Zum einen trägt es zu einer guten Gesprächsatmosphäre bei. Zum anderen lässt sich so für einen guten ersten Eindruck sorgen. Und zum Dritten erkennt man als Redner, dass weder Auftraggeber noch Publikum gegen den Redner sind.

6. Entspannen im Vorfeld

Es hat wenig Sinn, sich bis zur letzten Sekunde mit den Folien, mit dem Auftritt oder mit den Medien zu beschäftigen. Dadurch wird die Nervosität nicht besser – im Gegenteil, das Lampenfieber steigt. Sinnvoller ist es, sich zu entspannen, sich auszuruhen und sich selbst zu stärken. Denn als Redner wird man nur eingeladen, wenn man als Fachmann oder auch als interessanter Gesprächspartner gilt. Also kann man gestärkt in den Vortrag oder in die Präsentation gehen.

3

INFO

Viele meinen, ihr Manuskript noch auf die Inhalte des oder der Vorredner anpassen zu müssen. Ein professioneller Redner sieht dies anders: Er notiert sich Merkwörter zu dem Vorredner auf einem entsprechenden Stichwortzettel.

Haben Sie Schwierigkeiten, zu entspannen und gilt dies v. a. für Gesprächs- und Redesituationen? Dann kann es helfen, eine Entspannungstechnik zu erlernen – wie z. B. Yoga oder autogenes Training. Derartige Methoden helfen, mit dieser Situation besser zurechtzukommen.

7. Entspannung während der Rede

Wichtig ist aber nicht nur die Entspannung im Vorfeld einer Rede. Mindestens genauso wichtig ist es, die Aufregung während der Rede selbst so gut wie möglich in Grenzen zu halten. Dies lässt sich realisieren, wenn Sie als Redner

- auf die gute Vorbereitung vertrauen,
- an Ihre Fähigkeiten glauben,
- erkennen, dass Sie letztlich viel mehr wissen als die Zuhörer,
- Kleinigkeiten wie einen Versprecher oder eine ungeschickte Formulierung nicht zu hoch bewerten,
- nicht ständig an mögliche Pannen oder störende Zwischenrufe denken,
- nicht ständig an frühere Ereignisse, bei denen vielleicht etwas misslungen ist, denken,
- Ihr Konzept beibehalten und sich nicht durch Spontaneinfälle davon abbringen lassen,
- einen Stichwortzettel für „Notsituationen" bereithalten,
- nicht zu früh mit dem Sprechen beginnen.

INFO

Ob Lampenfieber oder nicht – zunächst empfiehlt es sich, einen Blick über das Publikum schweifen zu lassen und den Zuhörern eine Chance zu geben, sich zurechtzusetzen, die Unterlagen vorzubereiten oder das Gespräch mit dem Nachbarn zu beenden. Denn letztlich wäre es schade, eine gut vorbereitete Einleitung auszusprechen, die dann mangels Aufmerksamkeit des Publikums nicht gehört wird.

3

AUF EINEN BLICK

Prinzipiell ist Lampenfieber wichtig und gibt Energie. Wird die Nervosität zu groß, helfen folgende Tipps:

→ Bereiten Sie sich gut auf die Situation vor!

→ Seien Sie rechtzeitig da!

→ Stellen Sie sich gedanklich auf die Situation ein!

→ Stimmen Sie sich positiv ein!

→ Reden Sie mit den Leuten!

→ Entspannen Sie sich im Vorfeld!

→ Reduzieren Sie die Spannung während des Vortrags bzw. während der Rede!

→ Nutzen Sie die Zeit vor der Rede, um einen Spaziergang zu machen und sich zu bewegen!

→ Vermeiden Sie es, vor dem Vortrag noch ausgiebig zu essen. Auch sollten Sie auf keinen Fall Alkohol zu sich nehmen!

→ Stürmen Sie nicht in letzter Minute in den Vortragssaal! Besser ist es, einige Minuten vor Beginn des Vortrags anwesend zu sein.

→ Lässt sich das Lampenfieber nicht reduzieren, hilft vielleicht die Kopfstandtechnik: Stellen Sie sich vor, was Ihnen im schlimmsten Fall passieren könnte. Sie werden feststellen: So schlimm sind die Folgen nun auch wieder nicht!

3.2 Planung: Festlegen der Regie

Unsicherheit und Lampenfieber lassen sich auch durch eine möglichst weitreichende Planung der zu haltenden Rede reduzieren. Diese betrifft:

- die zugrunde liegende Redetechnik – so gibt es Redetechniken, die Unsicherheit und Lampenfieber eher forcieren; durch andere Techniken gelingt es, beides zu reduzieren,
- die Art und Weise, wie Regieanweisungen in das Manuskript oder die Rede integriert werden können,
- die Art, wie man sich die Inhalte im Vorfeld merken kann,
- die Art und Weise der Vorbereitung.

3

Redetechniken: Auf zur freien Rede

Prinzipiell lassen sich verschiedene Redetechniken unterscheiden. Sie hängen zum einen von Ziel und Anlass der Rede, zum anderen von der ausgewählten Manuskriptform ab.

1. Auswendig gelernte Rede

Ist ein Redetext komplett ausformuliert worden, liegt es nahe, ihn im Vorfeld auswendig zu lernen und dann so vorzutragen. Doch Vorsicht! An anderer Stelle wurde schon darauf hingewiesen: Dies sollte wirklich nur im absoluten Notfall geschehen. Denn auswendig gelernte Vorträge oder Reden wirken häufig unnatürlich, da es ihnen an Spontanität und Überzeugungskraft fehlt und der auswendig gelernte Text meistens mehr oder weniger mechanisch heruntergeleiert wird. Weitere Risiken bestehen darin, dass sich der Redner viel zu eng an den gelernten Text hält und dadurch gar kein Kontakt zwischen Redner und Publikum mehr möglich ist.

2. Ablesen formulierter Manuskripte

Eine vollständig formulierte Rede lädt auch geradezu dazu ein, abgelesen zu werden. Der Redner ist sich sicher, dass er nichts vergisst, und hat immer einen Notanker, zu dem er sich wenden kann, wenn er den Blickkontakt scheut. Aber auch hier ist Vorsicht geboten! Denn ein vollständig abgelesener Text wirkt häufig ermüdend, wenig innovativ und erlaubt v. a. wenig Kontakt zwischen Redner und Publikum.

> **INFO**
>
> Denken Sie immer daran: Rhetorik ist Kommunikation! Jede Rede richtet sich an einen Empfänger, der darauf reagiert und dessen Reaktionsweise auch vom Redner in irgendeiner Form beantwortet werden muss. Kommunikation und auswendig gelernte Reden passen daher nicht zusammen! Oder lernen Sie Passagen für zwischenmenschliche Gespräche auswendig?

Ausnahmen sind natürlich Situationen, in denen es nicht anders geht: wenn es z. B. auf exakte Formulierungen ankommt, man für einen anderen Redner einspringt oder auch ein Ghostwriter eingesetzt ist, der dem Redner ein Vollmanuskript zur Verfügung stellt.

3. Freies Reden

Es lässt sich nicht verleugnen, eine freie Rede wird heutzutage in den meisten Fällen erwartet. Frei reden bedeutet dabei jedoch zweierlei:

- Frei vor dem Publikum sprechen, ohne sich hinter einem trennenden Tisch, Lesepult oder Overheadprojektor zu verstecken. Denn ein frei vor dem Publikum sprechender Redner vermittelt dem Publikum den Eindruck, dass er sich seiner Sache sicher ist.
- Freies und spontanes Formulieren der vorstrukturierten Kernaussagen und Gedanken.

AUF EINEN BLICK

Je nach gewählter Art des Manuskripts gibt es unterschiedliche Varianten der freien Rede:

→ Freies Ablesen auf der Basis eines vollständig ausformulierten Manuskripts mit markierten Aussagen und Stichwörtern
→ Freie Rede auf der Basis von Stichwörtern
→ Freie Rede auf der Basis eines gezielten Medieneinsatzes
→ Freie Rede unter Verzicht auf jegliche Form von Stichwort- oder Gliederungsgeber, d. h. ohne Manuskript und ohne Medien

Es wird deutlich: Egal ob mit oder ohne Medien, ganz oder halb frei – die Ausformulierung eines Stichwortzettels empfiehlt sich in jedem Fall. Zu den wesentlichen Vorteilen zählen:

- Es wird nichts vergessen, denn sämtliche vorzutragenden Gedanken, Aussagen und Ideen, die vorgetragen werden sollen, stehen richtig gegliedert auf dem Stichwortzettel.

3

- Die Flexibilität ist höher, denn die Formulierung während der Rede kann schneller an die aktuelle Situation angepasst werden.
- Die endgültige Formulierung während der freien Rede erfolgt auf dieser Basis spontan und wirkt damit überzeugender.
- Fragen aus dem Publikum lassen sich leichter beantworten.
- Die Redezeit lässt sich bei Bedarf problemlos verkürzen, wenn einzelne Passagen einfach weggelassen werden.

INFO

Sie haben ein Stichwort-Manuskript vorbereitet, möchten es aber nicht zeigen, da Sie eigentlich frei sprechen möchten? Kein Problem: Stecken Sie das Manuskript in die Tasche und greifen Sie nur im Notfall darauf zurück. Sie werden sehen – dieses Wissen reicht schon aus, um Ihnen die notwendige Sicherheit zu geben und Sie werden das Manuskript gar nicht mehr brauchen!

Regieanweisungen

In jedes Stichwort-Manuskript lassen sich sehr gut sog. Regieanweisungen einbauen. Hierbei handelt es sich um methodische Hinweise, die während des Haltens der Rede auf keinen Fall vergessen werden dürfen.

INFO

Der Begriff „Regieanweisungen" passt genau: Denn jeder Redner ist der Regisseur seiner eigenen Rede und sollte sich selbst während der Erstellung der Rede konkrete Hinweise geben, worauf er beim Halten der Rede unbedingt zu achten hat.

Typische Beispiele sind:
Zeithinweise

Notiert der Redner, an welcher Stelle er nach 5, 10, 20 oder 30 Minuten sein möchte, kann er Abweichungen rechtzeitig erkennen und entsprechend gegensteuern. Wer dagegen bei einem einstündigen Vortrag nach 50 Minuten zum ersten Mal auf die Uhr sieht und feststellt, dass er gerade erst zu den wichtigen Thesen kommt, wird es in der vorgegebenen Zeit kaum mehr schaffen, diese auszuführen.

3

Integration von Fragen

Hinweise wie „Teilnehmer fragen" oder auch „Kartentechnik anwenden" erinnern den Redner daran, dass er an dieser Stelle den Vortrag unterbrechen möchte, um das Publikum nach dessen Erfahrungen, Meinungen oder auch nur Eindrücken zu fragen.

Verteilung von Unterlagen

Enthält das Stichwort-Manuskript einen Hinweis wie „Tabelle verteilen", „Unterlagen verteilen" oder „Prospekt verteilen", ist dem Redner klar, an welcher Stelle er die Tabelle, die Unterlagen oder den Prospekt verteilen muss.

Medien nutzen

Ähnlich ist es, wenn während einer ansonsten ohne Medien geplanten Rede der Einsatz von Medien wie z. B. das Auflegen einer Folie oder das Zeigen eines Videos geplant ist. Durch einen entsprechenden Hinweis wie beispielsweise „Folie auflegen" oder „Flipchart einsetzen" erfolgt eine rechtzeitige Erinnerung.

Farbmarkierungen

Farbmarkierungen helfen, den Redner an die sprachliche Hervorhebung wichtiger Gedanken und Aussagen zu erinnern.

Verhaltenstipps

Hinweise wie „nicht schnell sprechen" oder „nicht unruhig stehen" oder auch „langsam reden" helfen dem Redner, an eigene, bekannte Schwächen regelmäßig erinnert zu werden.

INFO

Ein gemaltes Auge oder das Wort „Blick" erinnert daran, den Blickkontakt nicht zu vergessen und immer wieder das Publikum anzusehen.

AUF EINEN BLICK

Professionelle Redner nutzen Regieanweisungen an die eigene Person, um Fehler zu vermeiden und die rhetorischen Mittel richtig einzusetzen.

3

Freie Rede: Merken muss dennoch sein

Der Entschluss, eine möglichst freie Rede auf der Basis eines Stichwort-Manuskripts zu halten, reicht nicht. Nur wenigen Rednern wird es gelingen, das Stichwort-Manuskript tatsächlich so vorzubereiten, dass die freie Rede sofort gelingt. Im Gegenteil: Die Inhalte und Aussagen auf dem Stichwort-Manuskript müssen vor der Rede eingeprägt werden. Nur so gewinnt man die erforderliche Sicherheit, um einen Vortrag dann auch tatsächlich frei halten zu können und flexibel auf die Redesituation einzugehen. Zu den klassischen Methoden zählen hier das Auswendiglernen mit der Gefahr, den Text dann auch tatsächlich auswendig zu präsentieren, oder das wiederholte Lesen des Textes, bis er sich stark eingeprägt hat, mit der Gefahr, sich zu sehr darauf zu verlassen und den Faden zu verlieren.

Vorbereitung: Sicherheit durch Proben

Doch auch wenn es ein Stichwort-Manuskript gibt, die Redetechnik feststeht und die wichtigsten Regieanweisungen notiert sind, heißt das noch lange nicht, dass die Rede perfekt vorgetragen wird. Es gibt jedoch eine ganz einfache Möglichkeit, Ihre Redetechnik zu trainieren und stetig zu verbessern. Denn je mehr eine Rede im Vorfeld geübt und geprobt wird, desto sicherer wird man bei der Rede und desto besser wird es gelingen, souverän aufzutreten.

Durch das Probe-Halten eines Vortrags oder einer Rede lässt sich zudem sehr gut prüfen, ob die zeitlichen Vorgaben eingehalten werden. Denn nichts ist peinlicher, als wenn man 20 Minuten als Vorgabe hat und nach 30 Minuten immer noch nicht zum Ende kommt. Ein gutes Zeitmanagement zeichnet einen professionellen Redner aus!

AUF EINEN BLICK

Unabhängig von Länge und Bedeutung der Rede ist ein Vorab-Halten der Rede als Probe oder auch als Generalprobe sehr nützlich. Dies kann
→ laut oder halblaut,
→ sitzend am Schreibtisch oder stehend an einem als Lesepult fungieren-den Stehpult,
→ alleine oder in der Gruppe erfolgen.

3

Auch wenn es auf den ersten Blick nicht wichtig erscheint, so kann die Entscheidung „sitzen oder stehen" doch mitentscheidend für den späteren Erfolg sein. Denn es ist bekannt, dass zahlreiche Aspekte des jeweiligen situativen Umfelds unbewusst mitgelernt und auf die reale Situation übertragen werden. Für das Vorbereiten von Reden gilt daher: Je mehr das situative Umfeld der tatsächlichen Redesituation ähnelt, desto besser und effizienter wird die Vorbereitung auf die spätere Rede sein.

Allerdings wird es kaum gelingen, den realen Ernstfall komplett zu simulieren, sodass man immer wieder in einer Art Probesituation und nie in einer realistischen Situation des Vortrags oder der Rede mit einem Publikum proben wird. Aber dennoch gibt es immer Möglichkeiten, eine vergleichbare Situation herzustellen. Typische Beispiele sind:

• Probevortrag im Team, vor Arbeitskollegen oder auch vor der Familie bzw. vor Freunden. Dies macht natürlich nur Sinn, wenn von den „Zuhörern" ernsthafte und konstruktive Kritik zu erwarten ist.

• Probevortrag mit Videoaufzeichnung oder Tonbandgerät. Die Vorteile liegen auf der Hand: Man lernt die eigene Stimme besser kennen und kann v. a. erkennen, ob man deutlich genug spricht. Man erkennt sprachliche Nachlässigkeiten wie Füllwörter, Wiederholungen oder bestimmte gern und häufig verwendete Wörter, man kann Gestik und Haltung überprüfen und man kann letztlich den Umgang mit den Stichwortzetteln üben.

AUF EINEN BLICK

Ist es gelungen, einen Probevortrag mit Videoaufzeichnung zu halten? Dann übernehmen Sie anschließend die Rolle des Zuhörers und prüfen Sie:

→ War der Vortrag insgesamt durchgängig verständlich oder hatte die Argumentation des Redners Lücken?

→ Sind genügend Beispiele genannt worden und wurde der Bezug zur Praxis hergestellt?

→ Waren Wortwahl und Satzkonstruktion lebendig?

→ Wurden rhetorische Figuren verwendet?

→ Wurden Sprechpausen mit Füllwörtern gefüllt?

→ Wurde deutlich und verständlich gesprochen?

→ War der Vortrag eher monoton oder eher interessant und ansprechend?

3

Als Geheimtipp gilt übrigens auch das Einschalten und Lautstellen des Fernsehers, um vor einer Geräuschkulisse sprechen zu können. Gerade durch Programme mit vielen akustischen Abwechslungen lassen sich erschwerte Vortragsbedingungen gut simulieren. Gelingt es, die Rede trotz des hohen Geräuschpegels klar und deutlich vorzutragen, wird es vor einem Publikum erst recht klappen. Außerdem kann man den Fernseher dazu nutzen, um gezielt hängen zu bleiben und dann zu trainieren, mithilfe der Erinnerung oder des Stichwortzettels den Faden wieder aufzunehmen und die Rede fortzusetzen.

Manchmal bleibt aber einfach gar keine Zeit zum Üben; Manuskript und Präsentation sind erst kurz vor der Rede fertig geworden, die berufliche Arbeit lässt keine Freiräume zu und in der Freizeit fehlen Ruhe und Kraft, sich mit der Rede zu beschäftigen. In so einem Fall sollte man sich zumindest die Zeit nehmen, zwei Passagen im Vorfeld zu üben: den Anfang und das Ende. Denken Sie immer daran: Der Anfang des Vortrags schafft die Voraussetzung für die Aufmerksamkeit und Zuwendung des Publikums; das Ende ist der Teil, der am längsten in Erinnerung bleibt. Proben Sie daher – auch bei Zeitknappheit – zumindest die ersten und letzten Minuten des Vortrags auf der Basis des geplanten und vorformulierten Einstiegs und Endes der Rede. Gerade das Üben der ersten fünf Minuten hat noch einen weiteren entscheidenden Vorteil: Man gewinnt Sicherheit über diese wichtige Einstiegsphase des Vortrags und reduziert dadurch das Lampenfieber.

AUF EINEN BLICK

Planung der Rede – was ist zu tun:
Stehen Anlass, Gliederung und das (Stichwort-)Manuskript mit den wichtigsten Kernaussagen, ist der Auftritt zu planen. Dies bedeutet:
→ Redetechnik festlegen: auswendig lernen, vorlesen oder freies Reden.
→ Regieanweisungen integrieren.
→ Die wichtigsten Aussagen und Punkte der Rede merken.
→ Rede trainieren und vorbereiten – v. a. Einstieg und Schluss.

Professionelle Methoden für freies Reden

1. Loci-Methode

Schon in der Rhetorik der Antike waren visuelle Gedächtnistechniken bekannt. Die älteste Technik ist die sogenannte Loci-Methode. Sie geht auf den griechischen Simonides von Keos (ca. 556–ca. 468 v. Chr.) zurück. Simonides war dafür bekannt, stundenlange Reden ohne die Verwendung eines Manuskripts halten zu können.

Die Loci-Methode basiert auf der Erfahrung, dass räumlich gespeicherte Erinnerungen leichter abgerufen werden können. Bezogen auf das Einprägen einer Rede bedeutet dies,

- sich einen aus mehreren Räumen bestehenden und möglichst vertrauten Ort (beispielsweise die eigene Wohnung) vorzustellen,
- die Räume gedanklich in immer der gleichen Reihenfolge abzulaufen, bis diese Reihenfolge fest in der Vorstellung fixiert ist,
- vor der Rede in jedem Raum Gegenstände abzulegen, die an die Rede erinnern
- und während der Rede gedanklich durch die Räume zu gehen, die dort abgelegten Gegenstände zu betrachten und sich dann an den damit verknüpften Begriff oder die damit verbundenen Aussagen zu erinnern.

Diese häufig von Gedächtniskünstlern eingesetzte Methode ist durchaus hilfreich, verlangt aber viele gedankliche Übungsläufe um wirklich effizient zu sein. Und nach einer Rede müssen die Räume außerdem wieder gereinigt werden, indem die dort abgelegten Gegenstände wieder entfernt werden. Im Mittelalter soll mithilfe dieser Methode die gesamte Bibel auswendig gelernt worden sein. Allerdings Vorsicht! Um hierzu genügend Plätze für die Gegenstände zu finden und zur Verfügung zu haben, ist ein Ort wie der Kölner Dom erforderlich – mit mindestens 100.000 Plätzen!

INFO

2. Akronyme

Schneller funktioniert das Bilden von Akronymen. Hier werden aus den
Anfangsbuchstaben der Hauptargumente ein oder zwei schlagende Wörter
gebildet.

Wenn Sie beispielsweise einen Vortrag zum Thema „Konsequenzen der
Handy-Nutzung für Kinder und Jugendliche" halten müssen, wäre eine Mög-
lichkeit hier: „HKK" für die Grundstruktur „Handynutzung bei Jugendlichen",
„Kostenexplosion" und „Kostenarmut".

Bekannt ist in diesem Zusammenhang auch der Satz „Mein Vater Erklärt Mir
Jeden Sonntag Unsere Neun Planeten." Hier steht jeder Anfangsbuchstabe
für einen der Planeten unseres Sonnensystems: Mars, Venus, Erde, Merkur,
Jupiter, Saturn, Uranus, Neptun und Pluto. Auch wenn hierbei zu bedenken
ist, dass Pluto nach neuesten wissenschaftlichen Erkenntnissen nur noch als
Zwergplanet gilt.

3. Mentales Malen

Gelingt es nicht, passende Akronyme zu finden, lassen sich die einzelnen Begriffe, die man sich merken möchte, auch als Bilder aufmalen oder gedanklich
vorstellen. Anschließend erfindet man eine möglichst absurde Geschichte,
in der alle Begriffe genau in der Reihenfolge genannt werden, in der sie dann
auch in der Rede auftauchen sollen.

Denkbar ist auch ein Bild, auf dem alle Begriffe als Objekte verbunden dargestellt sind. So könnte ein Geld fressender Roboter, der telefoniert, aber keinen
Kontakt zu den anderen Lebewesen hat, die um ihn herum stehen, eine Hilfe
für die Grobstruktur des oben genannten Vortrags zum Thema „Handynutzung
bei Kindern, Kostenexplosion und Kontaktarmut" sein.

4. Symbol-Technik

Mitunter wird auch die Symbol-Technik empfohlen. Sie eignet sich vor allem sehr gut für die Grobstruktur und funktioniert nach folgender Methode:

- Prägen Sie sich zunächst jede einzelne These oder jede einzelne Kernaussage gut ein.
- Prägen Sie sich dann zu jeder Kernaussage die unterstützenden Aussagen ein.
- Finden Sie für jede dieser Aussagen ein Symbol (z. B. ein leerer Briefumschlag für Kontaktarmut oder verkettete Ringe für Zusammenarbeit). Wichtig ist dabei, dass mit den von Ihnen gewählten Symbolen ein Bezug zu den wichtigsten Aussagen des Vortrags herstellbar ist. Stehen diese fest, schließen Sie die Augen und machen Sie sich ein Bild von den einzelnen Symbolen.
- Im nächsten und letzten Schritt lassen sich diese Bilder in der richtigen Reihenfolge nebeneinanderreihen. Dies ist dann der geplante Ablauf, den Sie sich immer wieder vergegenwärtigen können.

Die so gemerkte Struktur gibt einerseits einen guten Überblick, erlaubt andererseits jedoch auch die erforderliche Flexibilität, die während eines lebendigen Vortrags nötig ist. So lassen sich die Bilder leicht im Kopf neu sortieren, wenn das Vortragsgeschehen dies erforderlich macht oder Zuhörer durch Zwischenrufe auf einmal ganz andere Themen aufwerfen. In diesem Fall hilft nur eines: einen Blick auf die inneren Bilder werfen und dann entscheiden, ob es so weitergeht oder ob eine Neusortierung der Bilder und damit der Struktur erforderlich ist.

Unabhängig von der verwendeten Methode – professionellen Rednern sind die wesentlichen Inhalte einer zu haltenden Rede im Vorfeld bekannt. Ansonsten besteht die Gefahr, dass auch der perfekt vorbereitete Stichwortzettel irreführend ist.

INFO

3

3.3 Verständlich: Sprache, Stimme und Sprechtechnik

Denken Sie daran: Jede Rede, jeder Vortrag und jedes Referat stellt einen Kommunikationsprozess dar, bei dem der Redner der Sender und das Publikum der Empfänger ist. Dass ein Kommunikationsprozess jedoch unproblematisch und ohne Störungen verläuft, passiert selten. Normal ist eher, dass Störungen auftreten. Diese Störungen lassen sich vermeiden oder zumindest vermindern, wenn sich der Redner der eigenen kommunikativen Wirkung bewusst ist und diese positiv beeinflusst.

Dabei ist zu unterscheiden:

- Der verbale Ausdruck bezieht sich auf die inhaltliche Ebene.
- Der paraverbale Ausdruck umfasst stimmliche oder artikulatorische Aspekte, also wie etwas ausgesprochen bzw. stimmlich begleitet wurde.
- Der nonverbale Ausdruck ergänzt die körpersprachliche Komponente.

Verbaler Ausdruck

Menschen haben ganz unterschiedliche Möglichkeiten, sich verbal auszudrücken. Welche dieser Varianten im konkreten Fall gewählt wird, hängt beispielsweise von Erziehung und Bildung, von der Einstellung zu einem bestimmten Zuhörer oder auch dem Gesprächsthema ab. Im Rückschluss bedeutet dies, dass sich die Zuhörer aufgrund des Sprachgebrauchs meist unbewusst eine Meinung darüber bilden, wer der Redner ist, wo er herkommt und welche Ziele er verfolgt. Entscheidend hierfür sind drei Parameter: die Wortwahl, der Satzbau sowie die Füllwörter.

1. Wortwahl

In Bezug auf die Wortwahl sind zwei Aspekte entscheidend: der Gebrauch von Fachausdrücken sowie die Ausdrucksweise. Grundsätzlich gilt, dass Fremd- und Fachwörter nur dann genutzt werden sollten, wenn ihre Bedeutung dem Zuhörerkreis bekannt ist. Dies bedeutet jedoch nicht, möglichst viele Fremd- und Fachwörter zu nutzen, um der eigenen Kompetenz Ausdruck zu verleihen. Die Gefahr ist dann, dass die Zuhörer zwar oft beeindruckt sind vom Wissensumfang des Sprechers, allerdings wenig von dem verstanden haben, was gesagt wurde.

Ein zweiter wichtiger Aspekt der Wortwahl ist die Möglichkeit, mit bestimmten Formulierungen eine gewisse innere Einstellung auszudrücken. Dies betrifft insbesondere die Frage, ob der Redner einer Sache positiv oder negativ gegenübersteht. Gelingt es dabei, negative Formulierungen durch positive Formulierungen zu ersetzen, lässt sich von Anfang an eine optimistische Atmosphäre erzeugen, die der Rede und v. a. dem Zweck der Rede nur zugutekommen kann. Denn es zeigt sich immer wieder: Mit einer positiven Einstellung und mit positiven Formulierungen kommt man immer schneller zum Ziel.

AUF EINEN BLICK

Professionelle Redner
→ stellen sich in ihren Reden auf den typischen Sprachgebrauch der Zielgruppe ein und
→ vermitteln durch eine positive Ausdrucksweise eine optimistische Atmosphäre.

Zitate können einer Rede Glaubwürdigkeit und Witz verleihen, da sie Aufmerksamkeit wecken und – gerade wenn sie von berühmten Personen stammen – dem Vortrag zusätzliches Gewicht verleihen. Ein weiterer Vorteil ist, dass sie leicht zu finden und einfach zu merken sind – sowohl für den Redner als auch für das Publikum. Erstaunlicherweise bewertet das Publikum die Aussprüche von berühmten Personen häufig glaubhafter und positiver als die von Normalbügern, auch wenn diese noch so treffend oder fundiert sind. Allerdings sollten Zitate nicht zu häufig verwendet werden, denn dann entsteht der Eindruck, dass jede eigene Aussage durch Zitate berühmter Leute gestützt werden soll. Zudem wirken sie im Übermaß eher ermüdend, da sie letztlich den Argumentationsfluss hemmen.

2. Satzbau

Professionelle Redner verwenden Satzstrukturen, die gleichermaßen anspruchsvoll und leicht verständlich sind. Als wichtige Orientierung kann hier gelten: Viele kurze und einfache Hauptsätze vereinfachen das Verständnis für den Zuhörer. Dagegen fällt es dem Zuhörer wesentlich schwerer zu folgen, wenn viele Nebensätze formuliert werden.

3

Darüber hinaus sind Sätze umso besser verständlich, wenn sie
→ aktiv und nicht passiv formuliert sind,
→ nach dem einfachen Schema Subjekt – Prädikat – Objekt konzipiert sind.

INFO

Auch aus dem Satzbau des Redners meint man übrigens oft, Hinweise auf dessen Persönlichkeit erkennen zu können. So wird die Anwendung von besonders langen und komplizierten Sätzen häufig mit einer höheren Bildung assoziiert. Auf der anderen Seite kann ein zu verzweigter und weitschweifiger Satzbau dagegen oft den Eindruck fördern, der Redner würde „um den heißen Brei herumreden" oder nicht mit der Sprache „herausrücken". Professionelle Redner finden also Satzstrukturen, die gleichermaßen anspruchsvoll und leicht verständlich sind.

3. Füllwörter

Hierbei handelt es sich um Lautäußerungen und Wörter, die entweder die Funktion eines Lückenfüllers haben oder in ihrem Wortsinn nicht dem ursprünglichen Anliegen des Redners entsprechen. Typische Beispiele sind „äh" oder „hm". Prinzipiell sind diese nicht schlimm und kommen in jeder Rede vor. Kritisch wird es allerdings dann, wenn Füllwörter so häufig auftreten, dass sich die Aufmerksamkeit bewusst auf diese richtet. In diesem Fall fehlt dann die Konzentration für die eigentlichen Inhalte. Versuchen Sie also, „ähs" und „hms" möglichst zu vermeiden.

INFO

Doch worin liegt dann die Alternative? Die Empfehlung lautet hier: „Mut zur Pause". Pausen vermitteln nicht das Gefühl geringer Kompetenz. Im Gegenteil: Für die Zuhörer sind Pausen oft hilfreich, da sie Zeit zum Nachdenken und Verarbeiten geben. Die meisten Pausenlängen fallen dem Zuhörer übrigens gar nicht auf.

Paraverbaler Ausdruck

Der paraverbale Ausdruck tritt bei denjenigen Elementen der menschlichen Kommunikation in Erscheinung, die sich auf die Art und Weise des Sprechens beziehen. Wie anfangs schon erläutert, haben diese Aspekte einen deutlich größeren Einfluss auf die Einschätzung der Persönlichkeit eines Sprechers als verbale Ausdrucksbereiche. Die Aspekte des paraverbalen Ausdrucks sind vielfältig – gemeinhin werden Stimmführung, Artikulation und Sprachtempo dazugezählt.

1. Stimmführung

Vor allem durch den Stimmklang eines Menschen kann beim Zuhörer Wohlbefinden oder Unwohlsein hervorgerufen werden. So empfinden viele einen Redner als anstrengend, der die Zuhörer mit einer eher unangenehmen Stimme konfrontiert. Auf der anderen Seite hört man gerne zu, wenn der Redner eine angenehme und eher sympathische Stimme hat. Daher gilt als wichtige Regel: Professionelle Redner sorgen für einen angenehmen Stimmklang, denn wer sich gut anhört, den kann man auch gut leiden.

Ein wichtiger Aspekt in diesem Zusammenhang ist die Tonhöhe. Studien zeigen immer wieder, dass Zuhörer tiefe Stimmen als kompetent und sicher, hohe Stimmen dagegen als emotional und unsicher bewerten.

Schließlich gilt die Sprachmelodie als wesentlicher Indikator für das Engagement eines Sprechers in Bezug auf den Gesprächsinhalt. Es liegt nahe: Monotones Sprechen auf der immer gleichen Tonhöhe wirkt langweilig. Auf der anderen Seite wirkt es schnell affektiert oder gekünstelt, wenn die Betonung zu stark ist. Daher gilt hier: Eine klare und korrekt eingesetzte Betonung erleichtert das Verständnis einer Äußerung.

2. Artikulation

Neben der Stimmführung hat die Artikulation eine wichtige Bedeutung, denn die Inhalte einer Äußerung können noch so gut durchdacht sein, sie werden dem Redner wenig nützen, wenn er undeutlich spricht und aus diesem Grund akustisch kaum oder nur sehr schlecht verstanden wird. In der Folge entsteht bei undeutlicher Artikulation häufig der Eindruck eines mangelnden Engagements beim Redner. Die Zuhörer meinen, dass es ihm letztlich egal sei, ob er von ihnen verstanden werde. Dies ist schade und leicht vermeidbar, wenn man als Redner darauf achtet, den Mund weit genug zu öffnen.

3

3. Sprechtempo

Schließlich spielt noch das gewählte Sprechtempo eine wesentliche Rolle bei der Frage, wie gut ein Redner verstanden wird. Es zeigt sich immer wieder: Je angespannter der Redner ist, desto schneller spricht er. Dies ist vermeidbar. Denn durch schnelles Reden geht die Redezeit nicht schneller vorbei. Psychologen sind der Meinung, Ursache für dieses Phänomen sei der Wunsch, so schnell wie möglich aus einer unangenehmen Situation herauszukommen. Je schneller man spricht, umso früher hat man die Situation bzw. die Rede hinter sich.

> **INFO**
>
> An dieser Stelle sollten sich Redner übrigens selbst beobachten und prüfen, ob sie zu langsam oder zu schnell reden. Die Erfahrung zeigt, dass ein langsam sprechender Redner von den Zuhörern eher als selbstsicher, kompetent und von der Sache überzeugt wahrgenommen wird. Denn letztlich strahlt er dadurch aus, dass er in sich ruht.

Training: Meister werden durch Übung

Wie für vieles gilt auch hier: Sprechen und das professionelle Halten von Vorträgen und Reden lässt sich trainieren und immer weiter verbessern. Dabei können folgende Übungen helfen:

1. Laut lesen

Die einfachste Übung ist, laut und deutlich zu lesen. Nehmen Sie hierzu Übungstexte oder Texte, die Sie sowieso lesen würden wie z. B. Zeitschriftenartikel oder ein Buch. Beim lauten Lesen ist v. a. auf Aussprache, die Lautstärke und das Sprechtempo zu achten. Selbst kontrollieren lässt sich dies übrigens durch eine Tonband- oder Videoaufzeichnung.

2. Markieren von Texten

Besteht die Gefahr, dass die Rede zu monoton wirkt, gibt es einen kleinen Trick: Texte werden an den Stellen markiert, an denen
- lauter oder leiser gesprochen werden soll,
- Pausen eingesetzt werden,
- einzelne Wörter betont werden sollen.

Die Markierung kann auf dem PC mit verschiedenen Hervorhebungen oder Farben oder auf dem Papier mit verschiedenfarbigen Markierungsstiften erfolgen. Das Wie ist letztlich nicht entscheidend; wichtiger ist, dass auf einen Blick erkennbar ist, wie der Text zu lesen ist. Dies lässt sich dann sehr gut trainieren.

3. Schnellsprechsätze lesen

Jeder kennt sie, die klassischen Zungenbrecher wie z. B. „Fischers Fritz fischt frische Fische". Das laute Wiedergeben solcher Sätze stellt eine wichtige Übung dar. Dabei konzentriert man sich nämlich rein auf die Aussprache und wird durch ständige Wiederholung deutlich sicherer. Noch besser ist es, wenn diese Übung beispielsweise in der Gruppe, d. h. im Team oder im familiären Umfeld durchgeführt wird. Eine vielversprechende Übung ist beispielsweise auch der Zungenbrecher „Messerwechsel, Wachsmaske – Wachsmaske, Messerwechsel".

4. Korkenübung

Hier steckt sich der Redner einen Korken zwischen die Zähne und versucht dann damit, verschiedene Übungstexte möglichst deutlich vorzutragen. Ziel ist es, deutlicher und mit offenerem Mund zu sprechen. Die Übung hilft tatsächlich – so mancher Schauspieler mit undeutlicher Aussprache musste sie schon durchführen.

5. Zungenfertigkeit

Aussprache und Artikulation lassen sich schließlich auch durch eine Weiterentwicklung der Zungentechnik gezielt verbessern. Dies kann z. B. mit folgenden Techniken geschehen:

- Strecken Sie zunächst Ihre Zunge etwas heraus und drücken Sie leicht mit den Zähnen auf die Zungenspitze. Zählen Sie dann laut und deutlich bis 50, behalten dabei aber die Zungenspitze zwischen den Zähnen. Um verständlich zählen zu können, müssen sich die Muskeln in und um den Mund deutlich mehr bewegen als sonst, wodurch die Beweglichkeit der Muskeln im Mund trainiert wird.
- Heben Sie dann Zeigefinger und Mittelfinger einer Hand so, als würden Sie schwören. Beugen Sie die beiden Finger leicht, sodass die Knöchel etwas hervortreten und nehmen Sie anschließend die nebeneinanderliegenden

3

Fingerknöchel zwischen Ihre Zähne und beißen leicht zu. Jetzt zählen Sie laut und möglichst verständlich weiter von 51 bis 80. Damit werden weitere Muskeln trainiert, die vorher eher weniger beschäftigt waren.

• Und jetzt sagen Sie ein paar Worte – der Unterschied ist sofort hörbar: Sie sprechen weitaus klarer und deutlicher.

Üben kann man übrigens nicht nur die Sprechtechnik. Auch die Atemtechnik spielt eine wichtige Rolle. So ist die richtige Atmung eine unerlässliche Voraussetzung für eine kräftige und überzeugende Stimme. Zudem kann die richtige Atmung auch bei der Bekämpfung des Lampenfiebers hilfreich sein. Sprechen bedeutet in diesem Sinne ein langsames, klingendes Ausatmen. Doch – nur wer über genügend Sauerstoff in seiner Lunge verfügt, kann einen Gedanken auch in einem Atemzug aussprechen. Er muss dann lediglich dort einatmen, wo die Ausführungen eine sinnvolle Sprechpause erlauben. Wer dagegen nicht mit seiner Luft auskommt, wirkt schnell hektisch. Er bekommt einen trockenen Hals und fühlt sich unsicher. Durch ein gezieltes Training der Atemtechnik kann es gelingen, dass immer genug Luft in der Lunge ist.

> **INFO**
>
> Die meisten Menschen sind übrigens „Hochatmer". Sie geben sich mit der Brustatmung zufrieden und vernachlässigen das Zwerchfell. Damit nutzen sie nur die Hälfte der verfügbaren Atemkapazität. Kommt zu diesem „Normalverhalten" noch eine situationsbedingte Spannung hinzu, könnte es problematisch werden.

3.4 Passend: Mimik, Haltung und Gestik

Es reicht jedoch nicht, nur auf die Sprache und die Sprechtechnik zu achten, stimmen muss auch der nonverbale Ausdruck, d. h. Mimik, Haltung und Gestik. Denn passen Mimik, Haltung und Gestik nicht mit den verbalen Äußerungen und dem Auftreten des Redners zusammen, kann die Rede noch so gut sein – ihre Wirkung wird verblassen.

3

> **INFO**
>
> Der Kommunikationspsychologe Watzlawick hat die These aufgestellt, dass man nicht nicht kommunizieren könne. Das heißt, auch wenn man nichts sagt, kommuniziert man über den Ausdruck und die Mimik. Wir kennen es alle: Ablehnung oder ein Nein können auch ohne Worte geäußert werden.

Der nonverbale Ausdruck wird häufig auch als Körpersprache bezeichnet und beeinflusst die Wirkung eines Redners sicherlich ähnlich stark wie der verbale und der paraverbale Ausdruck. So hat ein begeisterter Redner eine andere Ausstrahlung als ein unmotivierter Redner, der seinen Kollegen vertreten muss und eigentlich keine Zeit oder keine Lust dazu hat. Aber auch wenn jeder Redner unterschiedlich ist und dies durch seine Körpersprache auch ganz verschieden zum Ausdruck bringen wird, gibt es doch bestimmte übergreifende Aspekte des nonverbalen Verhaltens, mit denen sich jeder gute Redner auseinandersetzen sollte, denn als Redner muss man sein nonverbales Verhalten im Griff haben.

> **AUF EINEN BLICK**
>
> Die Wirkung eines Menschen wird zu einem geringen Teil durch den verbalen und zu einem vergleichsweise großen Teil durch den paraverbalen und den nonverbalen Ausdruck bestimmt. Professionelle Redner versuchen daher, die verbale, paraverbale und nonverbale Ebene zu kombinieren und dadurch ein kongruentes Kommunikationsverhalten zu erzielen.

Mimik: bewusst einsetzen

Als Mimik werden sämtliche Ausdrucksmöglichkeiten des Gesichts bezeichnet. Bewegungen in diesem Bereich laufen meist unbemerkt ab, beeinflussen den Kommunikationsprozess und den Zuhörer oft jedoch ungemein. So lesen wir aus dem Gesicht des Gegenübers oder des Redners ab, wie angespannt, konzentriert, begeistert, enttäuscht, kritisch oder unsicher er ist. Auch wenn der Eindruck keineswegs richtig sein muss, ist er vorhanden und beeinflusst immer in irgendeiner Weise das Empfinden gegenüber dem Redner. Insofern

3

ist es durchaus sinnvoll, über eine bewusst eingesetzte Mimik diesen Eindruck in einer gewünschten Weise zu beeinflussen. Wie ist dies nun möglich?

Offener Gesichtsausdruck

In wichtigen Redesituationen sind wir sehr konzentriert, was sich häufig in zusammengezogenen Augenbrauen oder verkniffenen Augen zeigt. In der Folge nimmt der Zuhörer ein ernstes, kritisches Gesicht wahr und wird daraus schlussfolgern, dass die Person ernst und kritisch ist, das Thema somit ernst und kritisch betrachtet werden muss und es offensichtlich wenig Spaß macht, sich damit näher zu beschäftigen. Dies kann sinnvoll und gewünscht sein, wenn es tatsächlich dem Anliegen des Redners entspricht, diesen Eindruck zu vermitteln. War der Redner jedoch einfach nur konzentriert und wollte dieses Bild eigentlich gar nicht vermitteln, wird er verwundert darüber sein, dass sich die Zuhörer ihm gegenüber kritisch verhalten und seine Freude über das Thema gar nicht nachvollziehen können. Insofern gilt die wichtige Regel: Professionelle Redner zeigen einen offenen und freundlichen Gesichtsausdruck. Denn nur dadurch kann sich eine positive Gesprächsatmosphäre entwickeln, in der der Redner als offen und das Thema als ansprechend wahrgenommen wird.

Lächeln

Eine freundliche und offene Mimik ist v. a. durch ein Lächeln charakterisiert. Allerdings sollte das Lächeln nicht zu einem Grinsen werden, denn dann wirkt es schnell aufgesetzt. Auch sollten die Augen mitlächeln und die ganze Gesichtsmimik dazu passen.

INFO

Schon Augustinus (354–430) empfahl seinen Schülern: „In dir muss brennen, was du in anderen entzünden willst." Diese Aussage ist immer noch aktuell. Redner, die weitgehend emotionslos ihre Rede als Pflichtübung ansehen und auch so agieren, werden nicht überzeugend wirken.

Blickkontakt

Zur Mimik zählt auch der Blickkontakt, der letztlich eine Art Brücke zum Publikum herstellt. Denn die Erfahrung zeigt immer wieder: Jemand, der dem Gesprächspartner oder den Zuhörern in die Augen schaut, wirkt selbstbewusst, überzeugend und ohne Geheimnisse. Zudem hat ein intensiver Blickkontakt den Vorteil, dass der Redner sofort an den nonverbalen Reaktionen sehen kann, wie er und seine Äußerungen wirken, ob evtl. Verständnisprobleme aufgetreten sind oder ob er schneller, langsamer, lauter oder leiser sprechen muss. Dann kann er sofort einwirken und versuchen, diese Probleme zu beheben.

Solche Wirkungen werden allerdings nur dann erzielt, wenn der Blickkontakt auch wirklich zustande kommt. Dies ist nicht unbedingt immer der Fall. Im Gegenteil, häufig fällt es den Rednern schwer, den Blickkontakt herzustellen. Dies bedeutet aber nicht gleich, dass man als Redner unsicher oder arrogant ist, sondern kann auch einfach ein Zeichen für überhöhte Konzentration sein. Unabhängig davon, wie offener Gesichtsausdruck, Lächeln oder Blickkontakt gelingen, ist immer darauf zu achten, dass die verbalen Äußerungen durch die Mimik begleitet und unterstrichen werden. So hat es wenig Sinn, schlechte Nachrichten mit einem gewinnbringenden Lächeln zu unterstreichen oder zu grinsen, wenn man Widersprüche sichtbar machen möchte.

AUF EINEN BLICK

Professionelle Redner achten darauf, die Äußerungen mit der Mimik zu unterstreichen und beides aufeinander abzustimmen: irritierend, um Widersprüche zu verdeutlichen und fragend, um ein bestimmtes Antwortverhalten der Zuhörer zu provozieren.

Gestik: gezielt und nicht zu stark

Unter Gestik werden sämtliche Bewegungen der Extremitäten, insbesondere der Arme und Hände, aber auch der Beine, beschrieben. Je mehr Gestik nun ein Redner verwendet, umso emotionaler und engagierter wird er vom Zuhörer erlebt. Aber Achtung: Ist die Gestik zu stark, wirkt der Redner affektiert und unkontrolliert. Daher sollten auch Gestikhinweise nie als Regieanweisungen in die Rede eingebaut werden.

Prinzipiell gilt auch hier: Überzeugend ist die Gestik eines Redners dann, wenn sie zu dem passt, was er sagt und wie er es sagt. Zudem ist zu beachten:

• Keine Barriere durch verschränkte Arme gegenüber dem Publikum aufbauen
• Negative Signale verhindern; positive Signale fördern

3

- Achtung auf die Hände, die sich idealerweise zwischen Hüftlinie und Brust-bereich befinden
- Stichwort-Manuskript in der schwächeren Hand halten und die stärkere Hand für Gestik nutzen
- Geballte Faust, erhobener Zeigefinger und Spielen mit Gegenständen un-bedingt vermeiden

> **INFO**
>
> Außer dem Stichwort-Manuskript sollte nichts in der Hand gehalten werden. Denn sonst besteht die Gefahr, dass Kugelschreiber häufig geknipst werden oder dass Stiftdeckel ständig abgezogen und wieder aufgesetzt werden.

Körperhaltung: Sicherheit zeigen

Ähnlich wie Gestik und Mimik erlaubt auch die Körperhaltung vielfältige Inter-pretationen über die Person des Redners. So wirkt ein Redner möglicherweise unsicher, wenn er den Oberkörper schief hält, obwohl diese Haltung einfach nur bequem für ihn ist. Daher gilt auch hier:

Professionelle Redner vermeiden es, durch ihre Körperhaltung einen für sie ungünstigen, d. h. unsicheren oder ablehnenden Eindruck entstehen zu lassen. Dies gelingt durch

- einen festen Stand, bei dem das Gewicht auf beide Beine verteilt wird,
- eine angewinkelte Armhaltung, bei der die Hände in Höhe des Bauchnabels locker übereinander liegen,
- Bewegungen – ca. zwei bis drei Schritte – während der Rede, wodurch sich die Aufmerksamkeit erhöhen lässt,
- Zugewandtheit dem Publikum gegenüber.

> **INFO**
>
> Die bisherigen Ausführungen gelten für die typische Haltung eines Redners im Stehen. Beim Sitzen entsteht dagegen ein engagierter Eindruck, wenn der Redner sich leicht nach vorne beugt, relativ weit vorne auf seinem Stuhl sitzt und beide Füße auf dem Boden hat. Möchte man als Redner dagegen eine eher entspannte und unaufgeregte Stimmung vermitteln, gilt eine bequeme Haltung mit angelehntem Oberkörper und überschlagenen Beinen als günstig.

Körpersprache kennen

Mimik, Gestik und Körperhaltung lassen sich trainieren und schon im Vorfeld auf die Redeinhalte abstimmen. Hilfreich ist es dabei, etwas über die Körpersprache zu wissen. Denn dann kann man sich rechtzeitig darauf einstellen und beim Üben – z. B. vor dem Spiegel oder auch bei einer Videoaufzeichnung – darauf achten.

Und es gibt noch einen weiteren wichtigen Vorteil: Man kann das Verhalten der Zuhörer sehr viel besser einordnen, interpretieren und sich dementsprechend darauf einstellen.

Körpersprache betrifft natürlich den Körper, aber auch die Gestik, den Gesichtsausdruck und das Lachen. Im Folgenden lernen Sie die wichtigsten Signale der Körpersprache kennen:

1. Was verrät der Körper?

- Wer ruhig und gelassen erscheint, dabei viel Raum einnimmt, breitbeinig und breitschultrig auftritt, eine gerade Haltung einnimmt und die Schultern zurückzieht, signalisiert einen Machtanspruch.
- Eine enge und eher schüchterne Körperhaltung, eine schmale Fußstellung, ein abgewinkeltes Bein oder ein schräg gestellter Kopf signalisieren eher Schwäche.
- Wer die Hände in den Hosentaschen versteckt, möchte eventuell etwas verbergen – möglicherweise nur die eigene Unsicherheit.
- Gekreuzte Beine stehen für geringes Durchsetzungsvermögen.
- Das Spielen mit Gegenständen oder auch das Formen von Papierkügelchen spricht für Nervosität oder unbefriedigte Sehnsüchte.
- Über der Brust verschrenkte Arme stehen für Verschlossenheit oder Enttäuschung.
- Hinter dem Rücken verschränkte Arme signalisieren eher Rückzug oder Aufgabe.

INFO

2. Was verrät das Gesicht

- Hochgezogene Augenbrauen, ein weit geöffneter Blick sowie ein offener Mund bedeuten: Da ist jemand verblüfft.
- Hängende Mundwinkel signalisieren Enttäuschung und auch Trauer.
- Häufiges Wechseln der Blickrichtung, das Ausweichen vor dem Blick des anderen oder das Sich-an-der-Nase-Reiben werden häufig als Unehrlichkeit interpretiert.
- Das suchende Umherwandern des Blicks, das Im-Kreis-Wandern der Augen sowie deutliche Seufzer werden nicht selten als Langeweile verstanden.
- Das Öffnen und Schließen der Hände, das Hin- und Herwandern des Blicks und das kurze Berühren der Nasenspitze mit dem Finger sind alles Zeichen, die für Unsicherheit sprechen.
- Leichtes Anheben der Nase bedeutet meist, dass ein Entschluss gefasst wurde.
- Aufschauen oder Emporschauen signalisiert Hoffnung.

3. Was verrät die Gestik?

- Ein wiederholtes Angleichen der eigenen Körperhaltung an die des Gegenüber signalisiert Zuneigung und Sympathie.
- Sitzen sich zwei Personen gegenüber, bedeuten übereinandergeschlagene Beine in die gleiche Richtung Zuneigung, in die entgegengesetzte Richtung Distanz.
- Die linke Hand steht für Emotionen, die rechte für Rationalität.
- Bewegungen, die vom Körper wegführen, stehen für Aufrichtigkeit und menschliche Wärme.
- Bewegungen, die von Außen zum Körper hinführen, können für Gehemmtheit und Verschlossenheit stehen.
- Das Ausstrecken der Hände in Halshöhe oder auch weit ausholende Bewegungen weisen auf Großspurigkeit und oft sogar Demagogie hin.
- Das mehrfache Lockern des Kragens mit dem Zeigefinger interpretieren Experten als Signal für Eitelkeit und Stolz.

- Sich wiederholt die Hände zu reiben, steht für Unruhe.
- Wer den Krawattenknoten oder Blusenkragen immer wieder grundlos nachbessert, sucht womöglich nach Selbstbestätigung.
- Sich den Nacken am Haaransatz reiben oder sich über den Hinterkopf streichen, steht für Schüchternheit.
- Sich wohlgefällig über das Haar streichen, bedeutet Zu- oder Übereinstimmung.
- Wer das Kinn in die Hand stützt, wirkt kritisch und skeptisch.

4. Was verrät das Lachen?

- Lautes Loslachen auch bei geringsten Anlässen gilt als Zeichen für Labilität, Arglosigkeit und eine gewisse Schlichtheit.
- Kurzes und eher seltenes Lachen gilt als Zeichen für Intelligenz, Zurückhaltung, Verschwiegenheit, Arbeitseifer und Treue.
- Lachen mit aufgerissenem Mund, wobei der ganze Körper mitzulachen scheint, gilt als Zeichen für Unbeständigkeit im Verhalten, Schadenfreude, Neid oder auch jovialen Umgang.
- Ein spöttischer Zug um den Mund gilt als Zeichen für Fanatismus, Herzlosigkeit oder eine Neigung zu Wut und Hass.
- Seltenes, vorsichtiges Lachen gilt dagegen eher als Zeichen für Bedachtsamkeit, Spürsinn, Geduld und Entschlossenheit.
- Meckerndes, unangenehmes Lachen gilt als Zeichen für Wankelmut, Neigung zu Verleumdung oder auch Heimtücke und Hass.
- Lächeln mit schiefem Mund gilt als Zeichen für Zugeknöpftheit, Unentschlossenheit und Scheinheiligkeit.
- Wenn man mit geschlossenem Mund lächelt, ohne dabei die Zähne zu zeigen, gilt das als ein Zeichen für Verschlossenheit und fehlende Kommunikationsfähigkeit.

Professionelle Redner beobachten die Signale ihrer Körpersprache und passen diese entsprechend an.

INFO

3

Kleidung: Passend zum Inhalt

Häufig vernachlässigt, aber durchaus wichtig sind schließlich Kleidung und Outfit. Es liegt nahe: Ein roter Pullover ist bei einer Trauerrede genauso fehl am Platz wie der Trainingsanzug beim Fachvortrag über das Internet oder die aktuellen Konjunkturdaten. Inhalte, Gliederung und Struktur können noch so perfekt und brillant erscheinen, eine falsche Kleidung kann die Ursache für einen Misserfolg sein. Denn bevor man als Redner gehört wird, wird man gesehen. Somit ist der erste Eindruck, den man hinterlässt, mitentscheidend. In Konsequenz bedeutet dies, dafür zu sorgen, dass die Kleidung das widerspiegelt, was ausgedrückt werden soll. Hierzu gehören:

Gepflegtes Äußeres

Achten Sie als Redner auf ein gepflegtes Äußeres, denn das Publikum schließt von dem Erscheinungsbild auf Kompetenz und Glaubwürdigkeit. Eine wichtige Faustregel ist daher immer noch, auf gebügelte Hemden, gut sitzende Kostüme oder Hosenanzüge, geputzte Schuhe und gepflegte Haarschnitte zu achten.

Kleidung von Qualität

Investieren Sie als Redner ruhig in Ihre Kleidung, v. a., wenn Sie öfters Reden und Vorträge halten. Dies bedeutet nicht unbedingt, nur noch Markenware zu kaufen, sondern eher in Materialien mit guter Qualität zu investieren. Das Publikum merkt es – entweder bewusst oder auch unbewusst – und überträgt die Eigenschaften sofort auf Sie als Person.

Eigener Stil

Pflegen Sie bei der Auswahl der Kleidung Ihren eigenen Stil, denn dadurch werden Sie letztlich unverwechselbar. Tragen Sie daher ruhig Leinenstoff, wenn es zu Ihnen passt und Sie sich darin wohl fühlen, oder Ihr Lieblings-Jeanshemd, wenn es von guter Qualität und ein Markenzeichen von Ihnen ist.

INFO

Denken Sie in diesem Zusammenhang an Hans-Dietrich Genscher (*1927), dessen berühmtes Markenzeichen der gelbe Pullover oder die gelbe Weste ist. Ob dies bei anderen Rednern auch dieselbe Wirkung gehabt hätte?

3

Gedeckte Farben

Verzichten Sie in Redesituationen auf zu viele ausgefallene Farben. Einerseits erregen sie Aufmerksamkeit und Interesse, andererseits wirkt zu viel davon eher unruhig. Als Faustregel gilt hier: Exotische Farben sollten eher für Accessoires und – je nach Anlass – vielleicht für das Hemd oder die Bluse verwendet werden.

> **INFO**
>
> Müssen Sie oft Reden oder Vorträge halten? Dann nutzen Sie die Farb- und Stilberatung. Hier bekommen Sie detaillierte und zu Ihrem Typ passende Tipps.

3.5 Überzeugen: Welche Argumente passen?

Bei einer guten und Erfolg versprechenden Rede müssen aber nicht nur Stimme und Sprechtechnik einerseits sowie Mimik, Haltung und Gestik andererseits stimmen – auch die Argumente müssen passen und überzeugend sein. Sonst hilft es wenig, wenn ansonsten alles stimmig ist. Denn nur durch eine gute Argumentation lassen sich verschiedene Ziele erreichen. Ein guter Redner beschäftigt sich somit im Vorfeld mit der Frage, in welcher Weise die Argumentation erfolgen soll. Dabei geht es v. a. um folgende Aspekte:

- Welche Art von Argumenten ist passend – eher sachliche oder eher emotionale Argumente?
- Wie soll die Argumentationskette aufgebaut werden?

> **AUF EINEN BLICK**
>
> Prinzipiell gilt: Wer zielgerichtet argumentieren möchte, muss Ziel und Anlass der Rede kennen und beides während der Zusammenstellung der Argumente im Auge behalten. Dies gilt insbesondere dann, wenn zu erwarten ist, dass das Publikum oder auch einzelne Zuhörer anderer Meinung sind.

3

Grundsätzlich stehen jedem Redner zwei Arten von Argumenten zur Verfügung: Sachargumente oder emotionale Argumente. Sachargumente sind meist sachlich begründet, rational nachvollziehbar und fundiert. Emotionale Argumente zielen eher auf Gefühle, sind aber durchaus sinnvoll, um sachliche Argumente zu unterstreichen. Welche Argumente in welcher Menge für den Einzelfall sinnvoll sind, hängt primär von dem Anlass der Rede ab. So liegt es nahe, dass bei einem sachlichen Vortrag oder Referat eher die Sachargumente überwiegen, während bei einer Lob- oder Festrede eher die emotionalen Argumente vorherrschen.

Wichtige Quellen für Sachargumente
Als typische Quellen für Sachargumente lassen sich heranziehen:

1. Expertenzitate
Durch Expertenzitate belegte sachliche Argumente gelten als glaubwürdig. Insofern wundert es nicht, dass viele Redner darauf zurückgreifen. Aber Achtung: Zu viele Zitate wirken unglaubhaft. Um als glaubhaftes Expertenzitat tatsächlich wirken zu können, müssen neben dem Zitat auch Quelle, Name und Kompetenz des Experten angegeben werden. Ein typisches Beispiel ist: „Paul Watzlawick, ein bekannter Kommunikationswissenschaftler, sagte – ich zitiere jetzt wörtlich – ‚Man kann nicht nicht kommunizieren'.“

2. Referenzen
Im Gegensatz zu Expertenzitaten, bei denen Experten mehr oder weniger wörtlich zitiert werden, handelt es sich bei Referenzen um Sachverhaltsdarstellungen, die sich auf Vorbilder oder vorbildhafte Sachverhalte beziehen. Werden sie zur Argumentation herangezogen, ist nicht nur der Urheber zu nennen; zusätzlich ist zu begründen, warum diese Referenz für das zugrunde liegende Thema so relevant ist. So könnte der Bezug beispielsweise wie folgt aussehen: „Der erfolgreiche Sportler X hat folgende Methoden angewandt: …“

3. Statistiken
Für viele Menschen gelten Statistiken als fundiertes Beweismittel, da sie die Vergangenheit zahlenmäßig abbilden und auf dieser Basis fundierte Schlüsse über die Zukunft zulassen. Insofern sind sie schwer angreifbar. Nur selten wird während einer Rede überprüft, wie sie tatsächlich entstanden sind. Natürlich

3

bieten sie sich als sinnvolles Sachargument für die Argumentation in Reden an. Allerdings sollten die aus einer Statistik abgeleiteten Schlüsse nicht zu weit hergeholt sein.

> **INFO**
>
> Achtung mit Statistiken! Schon Winston Churchill (1874–1965) sagte: „Ich traue keiner Statistik, die ich nicht selbst gefälscht habe."

Dienen Statistiken als Argumentationsgrundlage, ist die Statistik – am besten mit Grafik und kurzer Erläuterung des Ergebnisses – unter Bezugnahme auf Name, Institution und Kompetenz des Erstellers zu nennen. So könnte der Bezug auf eine Statistik z. B. so formuliert werden: „In diesem Zusammenhang hat das Institut für Weiterbildung festgestellt, dass nur x % der Bevölkerung weitere Themen der Bildung annehmen."

4. Forschungsergebnisse
Ähnlich wie Statistiken stellen auch Forschungsergebnisse gute Sachargumente dar. Wichtige Quellen sind in diesem Fall Fachmagazine, Expertenzirkel oder auch Newsletter aus dem Internet. Werden Forschungsergebnisse herangezogen, sind Datum der Durchführung und/oder Veröffentlichung der Untersuchung, die Namen der beteiligten Wissenschaftler, das Institut, in dessen Auftrag die Wissenschaftler tätig waren, sowie Vorgehen, Ergebnisse und Schlussfolgerungen zu nennen.
Konkret bietet sich beispielsweise folgende Formulierung an: „In einer im Herbst 2010 vom Deutschen Jugendinstitut durchgeführten Untersuchung bei Jugendlichen stellte sich heraus, dass Jugendliche …"

5. Demonstrationen
Mitunter kann es auch sehr glaubhaft sein, die verbalen Ausführungen durch Demonstrationen – z. B. Grafik, Video oder auch Liveübertragung – zu unterstützen. Derartige Demonstrationen können alleine durch den Redner erfolgen oder auch mithilfe von Zuhörern aus dem Publikum. In diesem Fall ist der Redner gut beraten, Zuhörer zu wählen, mit denen dieses Vorgehen abgesprochen ist oder von denen er weiß, dass sie der Sache aufgeschlossen gegenüberstehen und ihm gerne behilflich sind.

3

AUF EINEN BLICK

Wichtige Quellen für Sachargumente sind: Expertenzitate, Referenzen, Statistiken, Forschungsergebnisse und Demonstrationen.
Das Vortragen von Sachargumenten sollte dabei sachlich und einleuchtend, in ausreichender Wiederholung, aber nicht überredend, die Meinungen aller integrierend und nach dem typischen Schema – das Beste zum Schluss – erfolgen.

Gefühlsargumente: eine sinnvolle Ergänzung

In so manch einer Rede wirken zu viele sachliche Argumente jedoch unpassend. Sinnvoller und wirksamer ist es, die sachlichen Argumente durch emotionale Argumente zu ergänzen. Dies gilt v. a. für klassische emotionale Reden wie Festtags- oder Lobrede aber durchaus auch für eher sachlich orientierte Reden wie Vorträge oder Referate.

Gefühlsargumente haben den wesentlichen Vorteil, dass sie zu einer größeren Anteilnahme, zu einem größeren Verständnis oder aber einfach nur zu einer stärkeren Auseinandersetzung mit der Thematik führen. Insofern sollte man schon vor der Rede prüfen, welche emotionalen Argumente für die zugrunde liegende Rede tatsächlich sinnvoll sind und welche sachlichen Argumente durch welche emotionalen Argumente gestützt werden können.
Typische Quellen sind:

1. Beispiele

Gern gewählt werden Beispiele – sei es als Einstieg einer Rede, um die Aufmerksamkeit zu erhöhen, oder auch während der Rede, um bestimmte Sachverhalte zu verdeutlichen. Handeln kann es sich um eigene Erfahrungen, Erfahrungen von anderen Anwesenden oder Erfahrungen von nicht anwesenden Personen.

INFO

Am stärksten wirken übrigens Erfahrungen von anderen Anwesenden, am zweitstärksten wirken eigene Erfahrungen.

2. Aktuelle Nachrichten

Aktuelle Nachrichten stellen nicht nur einen sinnvollen Einstieg in eine Rede dar; auch während einer Rede lässt sich so manche These oder Aussage durch aktuelle Nachrichten sinnvoll untermauern. Existieren zum Zeitpunkt oder im Vorfeld der Rede also aktuelle Nachrichten in den Medien, die die eigenen Ausführungen bestärken, sollten sie verwendet werden.

3. Vergleiche

Auch Vergleiche helfen, trockene, eher theoretische Aussagen in emotionale Argumente zu verwandeln und damit plastischer und lebendiger zu formulieren. In diese Kategorie passen übrigens auch bekannte Redewendungen wie „Das wäre Wasser auf den Mühlen" oder auch „Den Stier bei den Hörnern packen", die eine Aussage lebendiger gestalten.

4. Geschichten

Jeder Mensch liebt Geschichten. Sie können unterhalten, gleichzeitig belehren und sie stellen in Reden eine gelungene Abwechslung dar. Das Spektrum an möglichen Geschichten ist dabei groß; typische Beispiele sind Lehrgeschichten, Märchen und Fabeln, historische Anekdoten sowie Kunstwerke aller Art wie Romane, Dramen, Filme etc.

5. Witze

Jeder weiß es: Lachen ist gesund, entspannend und es fördert das Lern- und Aufmerksamkeitsvermögen. Vor diesem Hintergrund ist es traurig, dass so viele Präsentationen oder Vorträge trocken erscheinen und der Redner kaum einen Witz macht. Dies ist schade und lässt sich einfach verhindern, wenn an passenden Stellen Witze, lustige Anekdoten, heitere Fakten, witzige Zitate oder amüsante Geschichten eingebaut werden. Das Publikum ist dankbar für jede Lachpause.

> **INFO**
>
> Die Wiedergabe von Gefühlsargumenten erfolgt gerne nach der „WaWoWeWa"-Formel: „Wa" steht für „Wann" (z. B. „es war einmal"), „Wo" für den Ort (z. B. in München), „We" für „Wer" (z. B. „einer meiner Kunden") und „Wa" für „Was" (z. B. „machte die Erfahrung").

3

Argumentationskette – welcher Aufbau?

Eine wichtige Regel ist schon genannt: Das wichtigste Argument kommt an den Schluss, das zweitwichtigste an den Anfang und der Rest der Argumente kommt in die Mitte. Aber es gibt noch weitere wichtige Aspekte, die bei dem Aufbau einer Argumentationskette zu beachten sind. Prinzipiell lassen sich unterscheiden:

1. Deduktive Argumentation

Hier werden, beginnend mit einer These, einzelne Argumente und Stützen angeführt. Typisches Beispiel ist: „Ich fordere die Einrichtung eines Betriebskindergartens (These), weil immer mehr Mütter im Unternehmen parallel arbeiten wollen (Argument). Dies wird schon daran deutlich, dass immer weniger Mütter die gesamte ihnen zustehende Elternzeit nehmen möchten (Stütze)."

2. Induktive Argumentation

Bei der induktiven Argumentation führen Stützen und Argumente zu einer These. Beispiel: „Aus der Tatsache, dass immer weniger Mütter die gesamte ihnen zustehende Elternzeit nehmen möchten (Stütze), ist erkennbar, dass Mütter im Unternehmen parallel arbeiten wollen (Argument). Daher fordere ich die Einrichtung eines Betriebskindergartens (These)."

> **AUF EINEN BLICK**
>
> Der Grundsatz der Argumentation lautet: These – Argument – Stütze. Variationen gibt es durch die Anzahl von Argumenten und Stützen sowie durch die Struktur der Argumentationskette – deduktiv oder induktiv.

Darüber hinaus gibt es aber noch weitere Varianten:

1. Überzeugung

Soll der existierende Zustand geändert werden, bietet sich als Gliederung an, zunächst den aktuellen negativen Zustand zu schildern, um dann eine begeisternde Darstellung des Ziels sowie eine realistische Erläuterung des Wegs dorthin folgen zu lassen.

3

2. Logischer Schluss

Mitunter wird auch während der Argumentation auf den logischen Schluss zurückgegriffen, der in der Fachwelt auch als „Syllogismus" bezeichnet wird. Vereinfacht dargestellt besteht er aus:

- Erster Prämisse oder Obersatz: Immer wenn A, dann B (z. B. „Immer wenn ein Mensch gut Klavier spielt, mag er Musik.")
- Zweiter Prämisse oder Untersatz: A trifft nun zu (z. B. „Frau Müller spielt gut Klavier.")
- Konklusion oder Schlussfolgerung: Also ist B. (z. B. „Also mag Frau Müller Musik.")

3. Scheinschluss

Scheinschlüsse oder auch Enthymen basieren auf Behauptungen. Sie werden gerne verwendet, wenn in der Vergangenheit durchgeführte Schritte auch zukünftig herangezogen werden sollen. Beispiel ist die Aussage: „In unserem Unternehmen ist es nicht üblich, auf Betriebsfeiern Musik zu spielen. Aus diesem Grund ist es auch bei der nächsten Weihnachtsfeier nicht geplant."

4. Induktionsschluss

Schließlich gibt es noch den Induktionsschluss: Weil dies so und so ist, lässt sich das und das daraus schließen. Typisches Beispiel ist: „Weil dieses Jahr die Fußball-EM stattfindet, wird der Umsatz an Fernsehgeräten zunehmen."

AUF EINEN BLICK

Um gut argumentieren zu können, muss man als Redner wissen,
→ dass es grundsätzlich sachliche und emotionale Argumente gibt,
→ welche Quellen für die Argumente zur Verfügung stehen,
→ wie eine Argumentationskette aufgebaut ist: These – Argument – Stütze,
→ welche grundsätzlichen Prinzipien es gibt: deduktiv und induktiv,
→ welche Variationsmöglichkeiten beim Aufbau einer Argumentationskette gegeben sind,
→ welche Arten von Argumentationen und Schlüssen prinzipiell zur Verfügung stehen,
→ wie man sich in der konkreten Argumentationssituation verhalten sollte.

Argumentation – praktische Tipps

Du-Orientierung

Jede Rede stellt einen Kommunikationsvorgang dar, der sich an einen Empfänger – das Publikum – richtet. Ein professioneller Redner versetzt sich in das Publikum hinein und macht sich immer wieder dessen Ziele und Interessen bewusst.

Vor diesem Hintergrund sind dann diejenigen Argumente auszuwählen, die am ehesten den Interessen des Publikums entsprechen. Dasjenige Argument, von dem die größte Publikumswirkung zu erwarten ist, ist das stärkste Argument, das an den Schluss der Argumentationskette kommt.

2. Gliederung

Auch bei der Gliederung der Argumente gilt: Man soll sich nicht an die im stillen Kämmerlein vorgefertigten Strukturen halten, sondern überlegen: Welche Argumente möchte die Zielgruppe hören bzw. mit welchen Argumenten kommt man bei der Zielgruppe gut an. Vor diesem Hintergund lässt sich als Faustregel festhalten:

- Einleitung: mit plausiblen Argumenten beginnen, um erst einmal die Zustimmung der Zuhörer zu gewinnen
- Hauptteil: an die Einleitung anknüpfend rationale Argumente und logische Schlüsse verwenden
- Schluss: plausible und ethische Argumente – je nachdem, welcher Argumentationstyp bei den Zuhörern die beste Wirkung entfaltet

3. Dosierung

Sowohl die Intensität als auch die Anzahl der Argumente sind auf das Publikum auszurichten. So gilt als Faustregel: Je strittiger eine These ist, desto mehr muss argumentiert und gestützt werden. Dabei wirkt ein gut und überzeugend präsentiertes Argument meist besser als ein Fülle von vagen Behauptungen.

4. Sprechtechnik

Die besten Argumente helfen wenig, wenn die Sprechtechnik nicht an die Argumentationsstruktur angepasst ist. Hier gilt als Faustregel: Kurze Pausen signalisieren ein neues Argument und inhaltliche Steigerungen zeigen sich in zunehmendem Engagement. Dies geschieht vor allem durch lebhaft werdende Gestik, intensive Sprache sowie einen nachdrücklichen Tonfall.

5. Körpersprache

Auch Körpersprache und Blickkontakt sind vor allem während der Argumentation wichtig. Denn dadurch lassen sich schnell Hinweise auf Zustimmung, Gleichgültigkeit oder Ablehnung erkennen, sodass ein situationsangemessenes Eingehen möglich ist.

6. Innere Grundhaltung

Schlecht kommen Übereifer oder auch missionarische Besserwisserei an, denn derartige Verhaltensweisen provozieren beim Zuhörer leicht eine Abwehrhaltung.

7. Sachwissen und Glaubwürdigkeit

Sachlich sollte man sehr gut vorbereitet sein. Es darf nicht passieren, dass man seine Glaubwürdigkeit durch Übertreibungen oder Verfälschungen aufs Spiel setzt. Konkret bedeutet dies: Selbst bei noch so hitzigen Diskussionen sollten nur Aussagen formuliert werden, die man auch im Nachhinein und mit kühlem Kopf noch rechtfertigen kann – ansonsten riskiert man den Verlust seiner Glaubwürdigkeit.

8. Wertschätzend und nicht persönlich

Auch, wenn man während einer Rede noch so angegriffen wird – im Gespräch und in der Diskussion ist jeder Zuhörer wertschätzend zu behandeln und nicht persönlich zu beleidigen. Sinnvoller ist es, sich immer um konstruktive und einvernehmliche Lösungen zu bemühen.

INFO

3

3.6 Der letzte Schliff: Auf zum Verfeinern

Es gibt sie, die feinen Unterschiede, die aus einer normalen Rede eine brillante machen und die einen eher sachlichen Vortrag zu einer begeisternden Präsentation werden lassen. Der Grund hierfür liegt aber selten darin, dass es sich um einen ausgezeichneten Redner handelt oder dass der Redner einfach ein Naturtalent darstellt. In den meisten Fällen gibt es einen ganz anderen, geradezu banalen Grund: die Verwendung von Rhetorikfiguren. Die wichtigsten werden im folgenden Abschnitt näher erläutert.

Wiederholungsfiguren

Das wesentliche Prinzip der Wiederholungsfiguren besteht darin, ein Satzelement nochmals aufzugreifen, um das Gesagte dadurch eindringlicher wirken zu lassen. Zu den häufigsten Wiederholungsfiguren zählen:

1. Alliteration

Eine Alliteration entsteht, wenn die gleichen Anlaute verwendet werden. Dadurch wird das Publikum aufmerksam und sein Interesse geweckt. Typische Beispiele sind „mit Kind und Kegel" oder „Milch macht müde Männer munter."

2. Anapher

Als Anapher wird die Wiederholung von Worten oder Wortgruppen am Satzanfang bezeichnet, um dadurch die Bedeutung der Aussage zu unterstreichen und die Aufmerksamkeit der Zuhörer zu verstärken. Zudem stellt die Anapher ein gutes Hilfsmittel dar, um die Aussagen noch besser zu strukturieren. Ein Beispiel wäre: „Wellensittiche: Wie sie fliegen, wie sie schlafen, wie sie essen."

3. Epipher

Das Gegenteil von einer Anapher ist eine Epipher. Hier erfolgt die Wiederholung von Buchstaben, Wörtern oder Wortgruppen nicht am Beginn, sondern am Ende des Satzes. Dies hat noch größere Wirkung auf die Zuhörer, weil der letzte Satzteil besser in Erinnerung bleibt als der Beginn eines Satzes. Daher wirkt die Epipher meist noch einprägsamer. Ein bekanntes Beispiel ist „Ende gut, alles gut". Angewandt in einer Rede, klingt es dann beispielsweise so:

„Sie können Ihre Mitarbeiter loben; Sie können Ihre Sekretärin loben; Sie können Ihre Assistentin loben; aber loben Sie manchmal auch sich selbst?"

3

4. Anadiplose
Bei der Anadiplose ist das letzte Wort des ersten Satzes gleichzeitig auch das erste Wort des zweiten Satzes. Das Wort folgt also zweimal hintereinander und macht dadurch besonders auf sich aufmerksam. Beispiel: „Lernen bedeutet Wissen. Wissen ist eine wichtige Überlebensstrategie des Menschen".

5. Genimatio
Bei der Genimatio wird mitten im Satz oder während der Rede ein Satzelement verdoppelt. Es handelt sich hier um eine Rhetorikfigur, die im Alltag häufig angewandt wird. Typisches Beispiel ist: „Das ist eine große, große Herausforderung."

Kürzungsfiguren
Das Prinzip der Kürzungsfiguren ist die Straffung von Textteilen durch Auslassungen. Dadurch wirken sie überraschend und interessant. Das wiederum bewirkt in Kombination mit der Kürze, dass der Inhalt besonders gut im Gedächtnis behalten werden kann. Zu den wichtigsten Figuren zählen:

1. Ellipse
Bei der Ellipse wird ein Wort oder eine Wortgruppe ausgelassen. Dennoch ist die Äußerung im Kontext eindeutig zu verstehen. Typisches Beispiel ist, wenn ein Redner auf die „Allgemeine Zeitung" Bezug nimmt und diese nur als „Allgemeine" statt als „Allgemeine Zeitung" bezeichnet.

2. Zeugma
Hier wird ein Verb ausgelassen. Typisches Beispiel ist eine Aussage wie „Die Post geht langsam und das Leben schnell" .

Positionsfiguren
Prinzip der Positionsfiguren ist, dass die Stellung einzelner Wörter oder Wortgruppen im Satz nicht dem üblichen Sprachgebrauch entspricht. Durch diese Abweichung verspricht man sich eine größere Aufmerksamkeit beim Zuhörer. Zu den wichtigsten Positionsfiguren zählen:

3

1. Hyperbaton

Hier werden zwei syntaktisch zusammenhängende Wörter künstlich durch einen Einschub getrennt. Der Einschub erfolgt dabei entweder durch die Ergänzung überflüssiger Wörter oder aber durch die reine Umstellung innerhalb des Satzes. Durch das Hyperbaton soll die Aufmerksamkeit v. a. auf den ersten der beiden getrennten Begriffe gelenkt werden. Als Beispiel lässt sich ein Festredner heranziehen, der in seiner Rede Folgendes sagt: „Dem unterhaltsamen – auch wenn das bei der heutigen Veranstaltung an sich keine Rolle spielt – Gastgeber sei Dank". Der Zwischeneinschub ist an sich nicht erforderlich, weckt jedoch das Interesse.

> **INFO**
>
> Berühmtes Beispiel für ein Hyperbaton ist übrigens der Eröffnungssatz von Gaius Julius Caesars (100–44 v. Chr.) „De Bello Gallico": „Gallia est omnis divisa in partes tres" mit der Übersetzung: „Gallien ist im Ganzen in drei Teile geteilt worden", wobei der Einschub „im Ganzen" an sich nicht erforderlich wäre.

2. Anastrophe

Hier wird die Reihenfolge der Satzelemente vertauscht. Typisches Beispiel ist, wenn der Redner während des Vortrags sagt: „Verdient soll unser Sieger gewinnen." Ziel ist auch hier, mehr Aufmerksamkeit zu erzeugen.

3. Hysteron-Proteron

Prinzip ist es, die logische oder auch chronologische Reihenfolge im Satz umzukehren: Der spätere Vorgang steht vor dem früheren und wird dadurch hervorgehoben. Dies ist das Ziel dieses Stilmittels. Typisches Beispiel: „Wir sagen Ihnen schon heute, was Sie morgen wissen müssen."

4. Parallelismus

Hier liegt ein ganz einfaches Prinzip zugrunde: Mindestens zwei aufeinanderfolgende Satzeinheiten oder Aussagen haben den gleichen Aufbau. Dabei ist es egal, wie die Inhalte sind; sie können gleichartig oder gegensätzlich sein. Wichtig ist nur, dass das Satzmuster dasselbe ist. Bekanntes Beispiel aus der Literatur: „Sie hören weit, sie sehen fern." (Erich Kästner)

5. Chiasmus

Chiasmus und Parallelismus sind an sich nahezu gleich. Der Unterschied liegt darin, dass im Chiasmus zwei parallele Aussagen miteinander verkreuzt werden. Dies bedeutet, dass die zwei aufeinanderfolgenden Satzteile genau die umgekehrte Reihenfolge haben. Berühmtes Beispiel ist „Die Welt ist groß, klein ist der Verstand."

6. Kyklos

„Kyklos" steht im Griechischen für „Kreis". Auf Reden oder Aussagen bezogen, bedeutet dies: Ein Wort steht am Anfang, dasselbe am Ende, und schon schließt sich der Kreis. Bekanntes Beispiel ist „Auge um Auge, Zahn um Zahn". Das Prinzip ist einfach: Sätze, die wie ein Kreis formuliert sind, wirken in sich geschlossen. Dies gilt v. a. für Lebenserfahrungen oder Weisheiten. Werden diese als Kyklos formuliert, vermitteln sie dem Zuhörer Tiefe und wirken stabil. Daher lässt sich dieses Stilmittel v. a. dann einsetzen, wenn es darum geht, Prinzipien zu formulieren, die nicht mehr zur Diskussion stehen sollten.

7. Paranomasie

Hier erfolgt eine Art Spiel mit Wörtern, die sich lautlich nur geringfügig voneinander unterscheiden, aber durch die Verbindung eine interessante Bedeutungsspanne aufbauen, die im Extremfall bis ins Paradoxe gehen kann. Beispiele sind „Eile mit Weile" oder „Wer rastet, der rostet".

Ersetzungsfiguren

Ersetzungsfiguren geben einem Gegenstand oder Sachverhalt einen anderen, nicht erwarteten Namen. Dadurch wirken sie zum einen sehr poetisch und zum anderen sind sie bereits Mittel zur Argumentation. Denn je nachdem, welches Wort der Redner statt des eigentlichen Begriffs wählt, deutet er schon auf seine Meinung zum Thema. Zu den Ersetzungsfiguren zählen:

1. Synonym

Bei diesem häufig verwendeten Stilmittel wird ein Wort durch ein gleichbedeutendes ersetzt. Typisches Beispiel ist die Verwendung von „Werk" statt „Buch" oder auch „Fahrt" statt „Reise". Zweck der Verwendung von Synonymen ist es, die Rede lebendiger und abwechslungsreicher zu gestalten.

3

2. Metapher

Hier wird ein Wort durch einen Begriff aus einem völlig anderen Kontext ersetzt. Dabei weist der neue Begriff zusätzliche Eigenschaften auf, die durch seinen Gebrauch auf den alten, unausgesprochenen Begriff übertragen werden. Typische Beispiele sind „Rabeneltern", „die Nadel im Heuhaufen suchen" oder auch „jemandem nicht das Wasser reichen können".

3. Metonymie

Hier wird ein Wort durch einen nicht gleichbedeutenden Begriff aus demselben Kontext ersetzt. Typisches Beispiel ist die Verwendung von Markennamen für die Produkte wie „Tempo" für „Papiertaschentuch". Aber auch die Aussage „Das Parlament stand Kopf" klingt besser als „Die Abgeordneten standen Kopf." Das Ziel ist hier ähnlich wie bei den anderen Stilmitteln: Die Aussagen sollen lebhafter, interessanter und treffender wirken.

4. Ironie

Hier wird ein Wort durch den genau entgegengesetzten Begriff ersetzt. Durch den Kontext und die Stimmführung des Redners wird die Äußerung dann als das Gegenteil des Gesagten gewertet. Typisches Beispiel ist „Ich bin begeistert" statt „Ich bin uninteressiert".

5. Hyperbel

Hier wird ein Wort durch einen anderen Begriff ersetzt, der deutlich übertrieben ist. Typische Beispiele sind „ein Meer von Tränen", „unendlich lang" oder auch „blitzschnell".

6. Litotes

Hier wird ein Wort durch einen anderen Begriff ersetzt, der das Gegenteil verneint. Dadurch wird der alte, unausgesprochene Begriff verstärkt. Ziel ist es, durch eine Untertreibung oder Abschwächung die Hervorhebung des Begriffs

oder der Aussage zu erreichen. Beispiele sind „nicht übel" statt „sehr gut"
oder auch „nicht ohne Witz" für „recht witzig".

7. Euphemismus

Hier wird ein Wort durch einen anderen Begriff ersetzt, der den Sachverhalt
beschönigt. Beispiele sind „Rubensfigur" statt „starkes Übergewicht", „öko-
nomisch benachteiligt" statt „arm" oder auch „Verbesserungspotenziale"
statt „Schwächen haben". Euphemismen werden in Reden gerne genannt, um
negative Aussagen etwas abzumildern.

8. Synekdoche

Eine Synekdoche ist eine Metonymie in quantitativer Hinsicht: Der Teil steht
für das Ganze – Pars pro Toto –, die Gattung für die Art, der Rohstoff für das
Fertigprodukt, die Einzahl für die Mehrzahl. Typische Beispiele sind: „unter
deutschen Dächern" für „in deutschen Häusern" oder „Brot" für „Nahrungs-
mittel".

9. Emphase

Bei einer Emphase erfolgt der Ersatz einer präzisen Bezeichnung durch eine
weniger präzise mit größerem Bedeutungsumfang, um dadurch sprachliche
Ungenauigkeiten etwas zu verhüllen oder mit einer größeren Geste sagen zu
können. Typische Beispiele sind: „Auch sie sind nur Menschen" für „Sie sind
nicht ohne Fehler" oder „Sie steht ihren Mann" für „Sie ist tüchtig, sie wird
das schaffen".

10. Antonomasie

Hier wird ein Eigenname durch einen Beinamen oder eine Umschreibung
ersetzt. Typische Beispiele sind Bezeichnungen wie „der eiserne Kanzler" für
„Otto von Bismarck" oder auch „der Dichterfürst" für „Goethe".

11. Paraphrase

Bei der Para- oder auch Periphrase erfolgt eine Umschreibung des eigentlichen Wortes, um Abwechslung im Ausdruck zu erreichen oder möglicherweise
anstößige bzw. unpassende Wörter zu vermeiden. Typische Beispiele sind
„eine gepolsterte Sitzgelegenheit" für „Sessel", oder auch „da, wo der Kaiser
alleine hingeht" für „Toilette".

3

Argumentationsfiguren

Als Argumentationsfiguren werden diejenigen Formulierungen bezeichnet, die bereits eindeutig auf das Überzeugungsziel der Rede hinsteuern. Zu den wichtigsten zählen:

1. Rogatio

Hier stellt der Redner eine Frage, die er im Anschluss gleich selbst beantwortet. Typisches Beispiel ist: „Was kann man nun in einer solchen Situation tun? Ich werde es Ihnen gleich sagen."

2. Exclamatio

Durch emotionalisierte Ausrufe wird dem Zuhörer hier eine bestimmte Einstellung zum Thema suggeriert. Meist handelt es sich um Ausrufe, die aus Schrecken oder Erschütterung über die momentane Situation oder aus sonstigen Gründen erfolgen können. Typische Beispiele sind „Ach" oder „Hört, hört" oder auch „Mein Gott – wann wird sich hier endlich etwas ändern".

3. Paralipse

Durch den direkten Hinweis darauf, was nicht gesagt werden soll, wird gerade das nicht Gesagte besonders hervorgehoben. Typisches Beispiel ist der Ausspruch „Auf die Probleme mit dem Vertriebsbereich möchte ich jetzt gar nicht eingehen."

4. Klimax

Die Klimax ist prädestiniert dafür, Aufmerksamkeit und Motivation zu steigern. Das Gesagte wird dabei in Stufenform gesteigert. Beispiele sind „gut, besser, am besten" oder auch „er kam, sah und siegte". Entwicklungen, Tendenzen und Fortschritte werden den Zuhörern so noch bewusster.

5. Trias

Drei Aussagen, die gleichrangig nebeneinanderstehen, sich einem Thema widmen und in dieselbe Richtung gehen, das ist das Prinzip der Trias. Im Unterschied zur Klimax erfahren die Teilaussagen jedoch keine Steigerung. Sie überzeugen dadurch, dass sie wiederholt dieselbe Stelle betonen. Typisches Beispiel wäre: „Ein Urlaub auf Lanzarote bedeutet Spaß, Sport und gute Laune."

6. Antithese
Zugrunde liegendes Prinzip ist hier die Gegensätzlichkeit. In einem Satz, Teilsatz oder auch einem Wort werden Gegenstände gegenübergestellt. Typische Beispiele sind „Himmel und Hölle" oder auch „Reden ist Silber, schweigen ist Gold".

3

3.7 Lenken: Welche Fragetechniken sind sinnvoll?

Ziel vieler Reden und Vorträge ist es, die Zuhörer nicht nur inhaltlich zu überzeugen, sondern auch zu einem bestimmten Verhalten zu bewegen. Dies passiert aber nicht unbedingt automatisch, sondern kann vom Redner bewusst initiiert oder gefördert werden. Hierzu stehen bestimmte Techniken zur Verfügung, die im folgenden Abschnitt gezeigt werden. Dabei geht es zunächst um allgemeine Techniken, bevor die wichtigsten Fragetechniken erläutert werden.

Lenkungstechniken
Zu den wichtigsten rhetorischen Lenkungstechniken zählen:

1. Aufzeigen von Wahlmöglichkeiten
Menschen ändern ihr Verhalten gerne dann, wenn sie zum einen das Gefühl haben, sie selbst hätten eine Entscheidung getroffen, und zum anderen, wenn diese Entscheidung über ein einfaches „Ja" oder „Nein" hinausgeht. Wird ihnen dagegen ein rein wünschenswertes Verhalten vorgegeben, das man nur befürworten oder ablehnen kann, fällt die Veränderung oder Anpassung des eigenen Verhaltens sehr viel schwieriger.
Einfaches Beispiel: Ein Redner möchte während eines Workshops, dass seine Zuhörer mit ihm die Mittagspause verbringen, um die Inhalte auf informeller Basis zu vertiefen. Statt zu sagen „Wer von Ihnen möchte Mittagessen gehen?", fragt er: „Möchten Sie heute Mittag zum Italiener oder zum Griechen gehen?". Die Teilnehmer haben nun eine Wahl, werden aber zu einer positiven Antwort motiviert. Kaum ein Teilnehmer wird hier sagen: „Nein danke, ich möchte nicht Mittagessen gehen."

3

2. Anbieten von Wertungskriterien

Geht der Redner einen Schritt weiter, kann er vorgeschlagene Verhaltensvarianten auch für das Publikum bewerten. Die Bewertung richtet sich dabei zum einen nach den Interessen des Publikums, ist aber andererseits so gewählt, dass sie dem Lenkungsziel des Redners gerecht wird. Dabei wird das vom Redner nicht gewünschte Verhalten negativ bewertet, während das gewünschte Verhalten positiv dargestellt wird. Gleichzeitig hebt der Redner aber hervor, dass die Entscheidung letztlich beim Zuhörer liegt, auch wenn dies in Wahrheit nur scheinbar der Fall ist.

Ein einfaches Beispiel:

Der Redner des obigen Workshops möchte seine Mittagspausse lieber beim Italiener als beim Griechen verbringen. Also wird er versuchen, seine Teilnehmer auch in diese Richtung zu lenken. Möglich wird dies beispielsweise, indem er sagt: „Es kommt ganz darauf an, wohin Sie möchten. Möchten Sie eher ein Essen beim Griechen mit viel Knoblauch, den wir dann alle essen müssen, oder präferieren Sie eher ein italienisches, leichtes Essen, nach dem wir anschließend besser weiterarbeiten können?" So gefragt, werden die meisten den Gang zum Italiener bevorzugen.

3. Darstellen von Konsequenzen

Den meisten wird es bereits bekannt sein: Schon von Geburt an entwickelt der Mensch sein Verhalten nach dem Prinzip der Belohnung und der Bestrafung. Einerseits verfestigen wir dasjenige Verhalten, für das wir belohnt werden oder mit dem wir eine Bestrafung vermeiden. Andererseits legen wir dasjenige Verhalten, für das wir nicht belohnt oder sogar bestraft werden, eher ab. Dabei gilt: Die Aussicht auf Belohnung ist wirksamer als die Androhung von Bestrafung. Dieses Prinzip kann sich auch die Rhetorik zunutze machen. Möchte der Redner die Zuhörer für ein bestimmtes Verhalten gewinnen, sollte er die positiven Konsequenzen dieses Verhaltens aus der Sicht der Zuhörer deutlich herausstellen.

Ein einfaches Beispiel:

Der Redner eines zweitätigen Workshops möchte seinen Workshop am ersten Tag länger halten, damit er am zweiten Tag früher nach Hause kommt. Seinem Publikum gegenüber tritt er wie folgt auf: „Wenn wir heute Abend bis 20.00 Uhr arbeiten, können wir morgen zwei Stunden früher Schluss machen und sind zwei Stunden früher zu Hause. Wäre dies nicht für uns alle sinnvoll?"

4. Beschreiben von Kompetenzen

Auch das ist bekannt: Viele Menschen richten ihr Verhalten nach dem Verhalten ihrer Vorbilder. In der Psychologie wird dies als „Lernen am Modell" bezeichnet. Aber auch in der Rhetorik lässt sich dies gut anwenden, indem der Redner seine Kompetenzen so darstellt, dass der Zuhörer diese Kompetenzen als erstrebenswert erachtet und sie imitieren möchte. In diesem Fall hat der Redner für den Zuhörer eine Art Vorbildfunktion. In der Folge ist er bemüht, sich ähnlich zu verhalten.

Auch diese Lenkungstechnik lässt sich gut anhand eines Beispiels verdeutlichen:

Ein von den Methoden des Projektmanagements begeisterter Abteilungsleiter ruft seine Mitarbeiter zusammen, um sie in einem Workshop von diesen Methoden zu überzeugen. Während er den Workshop hält, verdeutlicht er immer wieder, wie kompetent er sich in diesen Methoden fühlt, wie er diese Methoden bereits angewandt hat und welche konkreten Vorteile sich für ihn durch die Aneignung der Methoden ergeben haben. Die Mitarbeiter sind dann begeistert, sehen die Vorteile und eignen sich die Kompetenzen ebenfalls gerne an.

5. Finden von Kompromissen

Die meisten Menschen streben nach Bestätigung. Dies ist nicht verwunderlich, wenn man bedenkt, dass sie doch in ihrem persönlichen Umfeld und in der Gesellschaft akzeptiert und gemocht werden möchten. Aus diesem Grund bevorzugen sie Verhaltensweisen, die von der Mehrzahl der Kontaktpersonen als wünschenswert eingestuft werden. Auch diese Eigenschaft lässt sich in der Rhetorik nutzen, indem der Redner das gewünschte Verhalten als Kompromiss darlegt.

Ein Beispiel zur Verdeutlichung:

Der Chef einer Reinigungskolonne, der seinen Mitarbeitern verkünden muss, dass sie bei einem bestimmten Kunden zusätzlich zu der üblichen Arbeit auch noch das Geschirr spülen müssen, sagt am besten Folgendes zu seinen Mitarbeitern: „Eigentlich verlangt das Unternehmen X ja, dass nicht nur das Geschirr abgespült, sondern auch der Weg zum Gebäude gereinigt wird. Keine Angst – ich werde jetzt nicht von Ihnen verlangen, dass Sie die Straße kehren müssen. Aber in Bezug auf das Geschirr müssen wir den Kundenwunsch in der Zukunft erfüllen."

3

Die fünf wichtigsten Lenkungstechniken lauten:

→ Das gewünschte Verhalten in mindestens zwei Wahlmöglichkeiten präsentieren.

→ Alternativen bewerten: das nicht gewünschte Verhalten als negativ, das gewünschte Verhalten als positiv.

→ Konsequenzen des gewünschten Verhaltens möglichst positiv herausstellen.

→ Kompetenzen so herausstellen, dass der Zuhörer diese als erstrebenswert und nachahmenswert erachtet.

→ Gewünschtes Verhalten als Kompromiss und goldenen Mittelweg darstellen.

Grundlegende Fragetechniken

Neben den gezeigten Lenkungstechniken ist die Anwendung von Fragetechniken die zweite Möglichkeit, ein bestimmtes Verhalten beim Gesprächspartner zu initiieren. Der Unterschied ist ganz einfach: Ging es bei den Lenkungstechniken um die Aneignung gewünschter Verhaltensweisen im Anschluss an das Gespräch, so geht es bei den Fragetechniken um die Lenkung des Verhaltens während des Gesprächs. Richtig eingesetzt können Fragen jedoch noch mehr bewirken:

- Sie fördern die Kommunikation zwischen Redner und Publikum.
- Sie liefern Informationen aus dem Publikum für den Redner.
- Sie aktivieren die Zuhörer und stärken u. U. das Selbstbewusstsein.
- Sie verhindern Pannen und sichern den Gesprächsfluss.
- Sie helfen, Zeit zu gewinnen, um sich als Redner eine passende Argumentation zurechtzulegen oder das bisher Gesagte zu überdenken.
- Sie helfen, das Publikum stärker in die Rede einzubeziehen und fördern somit Aufmerksamkeit und Interesse.

Zu den wichtigsten Fragetechniken zählen:

1. Offene Fragen

Offene Fragen beginnen mit den typischen Fragewörtern „Wie", „Was", „Wieso", „Weshalb", „Warum" etc. Aus diesem Grund werden sie häufig auch

„W-Fragen" genannt. Sie lassen sich nicht mit „Ja" oder „Nein" beantworten, sondern verlangen eine ausführliche Beantwortung durch das Publikum.

INFO

Achtung vor „Warum-Fragen"! Diese können provozierend auf den Zuhörer wirken und ihn in eine Rechtfertigungsposition drängen. Besser ist es, Warum-Fragen umzuformulieren. So könnte die Frage „Warum sind Sie dieser Meinung?" beispielsweise umformuliert werden in „Wie sind Sie zu diesem Ergebnis gekommen?"

2. Geschlossene Fragen

Im Gegensatz zu offenen Fragen können geschlossene Fragen mit „Ja", „Nein" oder vielleicht auch noch mit „Ich weiß nicht" beantwortet werden. Eine häufige Frage ist: „Gibt es irgendwelche inhaltlichen Verständnisfragen?" Das Publikum wird mit einem verneinenden Kopfschütteln, einem klaren „Nein" oder aber mit einem Nicken und einem klaren „Ja" antworten. Im Gegensatz zu offenen Fragen haben geschlossene Fragen den wesentlichen Vorteil, dass sie zu Knappheit und Kürze zwingen und einen evtl. zu erwartenden Redeschwall vermeiden lassen. Sie sind zudem sinnvoll, um Gesprächsergebnisse festzuhalten oder aber die Zuhörer zu einer eindeutigen Stellungnahme zu bewegen.

INFO

Achtung! Bei geschlossenen Fragen besteht leicht die Gefahr, dass der Ton scharf wird und autoritär wirkt. Dies sollte vermieden werden, denn dadurch wird dem Zuhörer mitunter der Eindruck vermittelt, dass seine Meinung nicht interessiert und er nur mit den nötigsten Aspekten antworten sollte.

3. Halb offene Fragen

Zwischen der offenen und der geschlossenen Frage steht die halb offene Frage. Formal wird hier die Antwortmöglichkeit des Zuhörers auf zwei Alternativen eingegrenzt, inhaltlich sind die Alternativen jedoch sehr viel offener. So kann sich der Zuhörer nicht nur dafür oder dagegen, sondern zwischen echten Verhaltensweisen entscheiden. Insofern begünstigt die halb offene Frage zum

3

einen eine klare Struktur und Festlegung und gibt konkrete Entscheidungs-
hilfen. Zum anderen wird eine freie Diskussionsatmosphäre erzeugt, die der
Kommunikation während der Rede dienlich ist.

Typische Fragetypen

Neben diesen grundsätzlichen Fragetechniken – offen, geschlossen oder auch
halb offen – existiert noch eine Vielzahl weiterer Fragetypen, die in der Rede
oder in der Diskussion unterschiedliche Wirkungen haben können. Zu den
wichtigsten zählen:

1. Gegenfragen

Viele Fragen werden mit Gegenfragen beantwortet. Einfaches Beispiel ist
die Antwort „Wohin wollt ihr denn gehen?" auf die Frage „Geht ihr mit uns
essen?" Gemeinhin gilt es als unhöflich und nicht professionell, eine Frage
mit einer Gegenfrage zu beantworten. Dies gilt aber v. a. dann, wenn mit der
Gegenfrage das Ziel verfolgt wird, von der eigentlichen Frage abzulenken. Dies
muss aber so nicht sein. So können als Gegenfragen formulierte Rückfragen
durchaus nützlich sein, wenn beispielsweise nicht verstanden wurde, worauf
eine Frage zielte, oder auch wenn man genauere Angaben benötigt, um sich
festlegen zu können. In diesen Fällen ist die Gegenfrage meist eine offene
Frage, mit der auf eine geschlossene reagiert wird.

2. Rhetorische Fragen

Rhetorische Fragen sind scheinbare Fragen, auf die keine Antwort erwartet
wird. Denn entweder wird die Frage gleich vom Redner selbst beantwortet
oder aber die Frage stellt lediglich eine Aussage dar, die nur in die Form einer
Frage gekleidet wird. Dies lässt sich oft daran erkennen, dass der Redner die
Aussage zwar als Frage formuliert, dies aber nicht durch seine Stimme unterstreicht. Typisches Beispiel ist, wenn der Redner während der Präsentation
sagt: „Und – sind die Herren damals zu einer echten Entscheidung gekommen? Nein, natürlich nicht, denn sie hatten einfach nicht die richtigen Informationen." Ziel der rhetorischen Fragen ist es, die Aufmerksamkeit und das
Interesse des Publikums in eine bestimmte Richtung zu lenken und dennoch
das Wort während der Rede behalten zu können. Zu häufig eingesetzt können
rhetorische Fragen aber dazu führen, dass das Publikum das Interesse
verliert, da es durch die rhetorischen Fragen zwar immer wieder zur Aktivität

aufgefordert zu sein scheint, in Wirklichkeit aber nicht zu Wort kommt. Dies muss aber nicht so sein: Macht der Redner nach einer rhetorischen Frage – wie bei anderen Fragetypen auch – eine kurze Sprechpause, erhält der Zuhörer einen Ansatzpunkt, selbst aktiv zu werden.

3. Suggestivfragen

Suggestivfragen sind so aufgebaut, dass sie dem Gefragten seine Antwort fast schon in den Mund legt. Sie suggerieren ihm somit, wie er antworten soll, und lassen ihm wenig Möglichkeit, anders zu reagieren. Beispiele sind: „Wollten Sie nicht gerade etwas sagen, Herr Y?" oder auch „Wollten Sie nicht gerade gehen?" Fangfragen sollten Sie jedoch vermeiden, da diese letztlich den Dialog mit dem Publikum behindern.

4. Motivationsfragen

Die Motivationsfrage beginnt mit einem Lob oder einer Wertschätzung für bestimmte Leistungen oder Tätigkeiten des Zuhörers oder Diskussionspartners. Dieses Schmeicheln motiviert ihn, ausführlich zu antworten. Daher ist diese Frageform sinnvoll, um in konkreten Rede- oder Diskussionssituationen eher schüchterne, zurückhaltende oder wenig interessierte Gesprächspartner gezielt anzusprechen.

5. Szenariofrage

Hier wird ein Bild gezeichnet, das den bisherigen Äußerungen entspricht, um praktische Auswirkungen zu verdeutlichen. Typisches Beispiel ist ein Redner in einer Entscheidungsrede, der wie folgt argumentiert: „Stellen Sie sich nun vor, wir würden Ihre Ideen genauso in die Tat umsetzen. Was glauben Sie, was dann genau passieren würde …?"

6. Interpretationsfrage

Interpretationsfragen enthalten bereits die Bewertung der gesagten Äußerungen. Der Redner gibt hier in Frageform wieder, wie er die Äußerungen des Diskussionspartners aufgefasst hat. Die Interpretation kann dabei ruhig überspitzt sein. Dadurch bewirkt die Frage eine noch größere Reflexion. Typisches Beispiel ist der Redner, der einen Diskussionsbeitrag eines Zuhörers mit folgender Frage beantwortet: „Verstehe ich Sie richtig, Sie möchten denen, die am wenigsten verdienen, die höchste Steuerlast zuweisen?"

3

7. Einschätzungsfragen

Einschätzungsfragen fordern den Gesprächspartner dazu auf, seine Sicht eines bestimmten Sachverhalts direkt auf den Tisch zu legen. Sie sind v. a. dann sinnvoll, wenn Gesprächspartner sich nicht festlegen möchten. Typisches Beispiel ist der Redner, der seine Zuhörer nach der Rede fragt: „Wie ist denn jetzt Ihre Meinung zu den von mir vorgetragenen Aspekten?"

8. Erzähl- und Erlebnisfragen

Anders als die Einschätzungsfrage fordern Erzähl- und Erlebnisfragen keine Meinungen, sondern Berichte über Erfahrungen. Sie eignen sich v. a. dann, wenn Diskussionspartner noch keine eigene Meinung zu einem bestimmten Thema entwickelt haben. Typisches Beispiel ist der Redner, der seine Zuhörer während der Rede fragt: „Sie waren ja sicher schon einmal in dieser oder einer ähnlichen Situation. Wie ist es Ihnen denn damals ergangen?" In diesem Fall werden die Zuhörer motiviert, aus ihrem eigenen Erfahrungsschatz berichten und erzählen zu können.

9. Reflexionsfragen

Auch das Reflektieren durch geeignete Fragen gehört zu einem wichtigen rhetorischen Kommunikationsmittel. Grundlegendes Ziel dieser Fragen ist es, zu prüfen, ob man die Äußerungen des Zuhörers bzw. des Diskussionspartners auch tatsächlich verstanden hat. Dies kann auf mehreren Ebenen passieren:

- Auf der Ebene des Wortlauts: Hier wird das Wesentliche der enthaltenen Äußerung mit eigenen Worten wiedergegeben.
- Auf der Ebene des emotionalen Gehalts: Hier möchte der Redner durch entsprechende Rückfragen herausfinden, warum der Zuhörer oder der Diskussionspartner eine bestimmte Aussage gemacht hat.
- Auf der Ebene des Appells, der in der Aussage mitschwingt: Was möchte der Sender ausdrücken?

INFO

Das Stellen reflexiver Fragen – auf welcher Ebene auch immer – gilt als wichtiges Instrument des aktiven Zuhörens. Mithilfe dieses aktiven Zuhörens lässt sich vermeiden, dass Gesprächssituationen eskalieren und zu einem Machtkampf werden.

3.8 Visualisieren: Welche Präsentationstechniken sind sinnvoll?

3

Oft genügt es nicht, eine Rede gut vorzubereiten, sich an den Voraussetzungen und Erwartungen der Zuhörer zu orientieren, frei zu sprechen, Mimik, Gestik und Körperhaltung auf die Inhalte abzustimmen, den Blickkontakt zu halten und verständlich, zielgerichtet und überzeugend zu argumentieren. Die ganze Mühe scheint umsonst – die Zuhörer haben nur wenig von der Rede verstanden oder behalten. Auch wenn sich die Mühe sicherlich doch irgendwie gelohnt hat, lässt sich der Erfolg der Rede noch dadurch verbessern, dass die Inhalte zusätzlich visualisiert werden. Denn durch eine Visualisierung der Inhalte kann es gelingen, dass

- die Aufmerksamkeit des Publikums gebündelt und – wie bei jedem Wechsel von Methoden – vorübergehend erhöht wird,
- die Aufmerksamkeit auf die Inhalte gelenkt wird, da die Inhalte als nonverbales Signal zum Mitschreiben interpretiert werden,
- sich das Publikum bei Zwischenfragen leichter auf bestimmte Punkte beziehen kann, da die Inhalte auch während der Rede präsent sind,
- deutliche Schwerpunkte gesetzt werden,
- komplexe Sachverhalte besser veranschaulicht werden können,
- sich durch die Reduktion auf das Wesentliche Strukturen leichter erkennen lassen,
- durch die Wahrnehmung über zwei Lernkanäle die Gefahr von Missverständnissen vermindert wird,
- die Genauigkeit der Informationsübertragung verbessert wird,
- die visualisierten Inhalte als Stichwort-Manuskript genützt werden können.

AUF EINEN BLICK

Visualisierungen erhöhen die Verständlichkeit und Einprägsamkeit der gesagten Inhalte. Allerdings genügt es nicht, dass visualisiert wird. Es kommt vielmehr auf das Wie an, d. h. zum einen auf die konkrete Gestaltung und zum anderen auf die richtige Präsentationstechnik. Beides ist jedoch nicht ganz unabhängig voneinander.

3

Der Einsatz von Visualisierungen kann unterschiedlich geschehen: Visualisierungen können

- den Vortrag vom Anfang bis zum Schluss begleiten oder bei besonders wichtigen Stellen wie der Einleitung, dem Höhepunkt oder dem Schluss eingesetzt werden,
- alle wesentlichen Informationen bewusst machen oder nur die Ziele oder die Gliederung des Vortrags wiedergeben,
- schlaglichtartig den Vortrag einleiten und das Thema motivieren – z. B. auf der Basis eines kurzen Films, eines Witzes oder einer Karikatur – oder einen humorvollen Schlusspunkt abgeben,
- sachorientiert eingesetzt werden, indem sie nur die wesentlichen Appelle oder das Fazit für das Publikum sichtbar machen oder die Struktur und alle wichtigen Aussagen zusammenfassen.

Prinzipien: Visualisierungen richtig gestalten

So unterschiedlich die Einsatzmöglichkeiten auch sein können: Ziel ist, dass die Inhalte verständlicher, interessanter und einprägsamer werden. Dies gelingt, wenn einerseits Inhalte, Gestaltung und unterstützendes Medium aufeinander abgestimmt werden, andererseits bestimmte übergreifende Prinzipien beachtet werden.

Jede Visualisierung

- hat eine Überschrift,
- zeigt die gedankliche Struktur der Rede,
- setzt sich durch gedankliche Reduktion und Konzentration auf das Wesentliche vom gesprochenen Text ab,
- hebt wichtige Aspekte durch Fettdruck, Farbigkeit, Schriftwechsel oder grafische Darstellungen wie Kurven- oder Kreisdiagramme optisch hervor,
- stellt ähnliche oder gleiche Inhalte durch ähnliche oder gleiche Formatierungen dar,
- benutzt eine einheitliche Sprache,
- verdeutlicht zusammenhängende Inhalte,
- ergänzt Texte durch Bilder, Skizzen oder Diagramme,
- nutzt farbige Gestaltungselemente,
- ist angemessen und wirtschaftlich gestaltet,
- passt sich harmonisch in die Rede ein und unterbricht den Blickkontakt zwischen Redner und Publikum nicht zu lange.

3

AUF EINEN BLICK

Professionelle Redner betrachten Visualisierung und Präsentation als Hilfsmittel, um dem Publikum die Inhalte verständlich und einprägsam darzustellen. Niemals dürfen sie den Vortrag dominieren, sondern der Redner bleibt im Vordergrund und behält den Kontakt zum Publikum.

Präsentationsmedien: Welche sind wann sinnvoll?
Für die Visualisierung stehen nun verschiedene Möglichkeiten zur Verfügung:

1. Overheadprojektor
Lange Zeit war der Overheadprojektor eines der meist verwendeten Medien. Dies ist nicht erstaunlich, betrachtet man die wesentlichen Vorteile: Folien
- lassen sich leicht und schnell erstellen sowie in Ruhe vorbereiten,
- sind einfach zu transportieren,
- sind kopierbar,
- geben Sicherheit beim Sprechen und vermindern die Aufregung,
- ermöglichen die Konzentration auf die Rede,
- ermöglichen einen ständigen Blickkontakt zwischen Redner und Publikum,
- sind wiederverwendbar – sie müssen nicht für jeden ähnlichen oder gleichen Vortrag wieder neu hergestellt werden,
- lassen sich handschriftlich ergänzen,
- erlauben eine höhere Flexibilität als z. B. eine Beamer-Präsentation.

Allerdings gibt es aber auch einige Nachteile, die zu bedenken sind: Zum einen verursachen Folien nicht unerhebliche Kosten – v. a. dann, wenn sie farbig ausgedruckt werden. Zum anderen besteht die Gefahr, dass das Publikum leicht überfordert wird, da sich Folien zügig hintereinander auflegen lassen und Inhalte und Gedanken nicht wie bei anderen Medien Schritt für Schritt entwickelt werden. Der unmittelbare Zusammenhang von Gedanke und entsprechender Visualisierung ist dann u. U. nicht mehr gegeben. Dies ist v. a. dann der Fall, wenn die Folie in sich abgeschlossen ist und keinen Raum mehr lässt für evtl. Ergänzungen und Einwände. Inhalte und Gedanken lassen sich allerdings auch am Overheadprojektor entwickeln. In diesem Fall muss man allerdings darauf achten, dass die Schrift auch lesbar ist.

3

Ein Folienvortrag gelingt, wenn folgende Punkte beachtet werden:
- Folien im Vorfeld erstellen.
- Übersichtliches, einheitliches und zum Thema passendes Layout wählen.
- Schriftgröße sorgfältig auswählen.
- Folien nicht überladen – höchstens sieben Zeilen mit maximal sieben Wörtern.
- Unterschiedliche Strukturen durch unterschiedliche Schriften oder Hervorhebungen entsprechend kennzeichnen.
- Farben und Bilder gezielt einbringen, keine Überformatierungen.
- Funktionsfähigkeit des Geräts im Vorfeld prüfen.
- Abdecktechnik gezielt einsetzen.
- Bei Vortragsbeginn Lesbarkeit der Folien überprüfen.
- Nicht vor oder hinter dem Projektor stehen.
- Die richtige Position für Rechtshänder ist links neben dem Gerät, für Linkshänder entsprechend rechts neben dem Gerät.

Wird die Rede dann – in welcher Form und mit welchen Varianten auch immer – auf der Basis einer Overhead-Präsentation mit Folien gehalten, hat der Redner prinzipiell drei Möglichkeiten: Er kann am Overheadprojektor stehen, er kann an der Projektionswand stehen oder er wechselt seinen Standort. Egal, für welche Variante er sich entscheidet: Am wichtigsten ist immer der Blickkontakt zum Publikum.

INFO

Die klassische Nutzung der Folien – d. h. das passende Auflegen der Folien in einer bestimmten Reihenfolge – lässt sich variieren. Typische Beispiele sind das gezielte, auf die Inhalte bezogene Ein- und Ausschalten, wenn es gerade nicht passt; das sukzessive Auf- und Abdecken der Folien, um die Wahrnehmung des Publikums noch besser steuern zu können, handschriftliche Ergänzungen während der Rede (die gedanklich oder auf dem begleitenden Manuskript schon vorbereitet sein können, sich aber auch spontan ergeben können) oder auch der Einsatz eines Folien-Puzzles – hier wird die Folie auseinandergeschnitten, sodass die verschiedenen Bild- oder Textelemente auf dem Oberheadprojektor verschoben und vor den Augen des Publikums geordnet, sortiert oder verändert werden können.

2. Flipchart

Auch das Flipchart wird häufig verwendet. Es lässt sich in wenigen Worten beschreiben: Die Arbeitsfläche ist etwa 70 cm breit und 100 cm hoch; auf dem Flipchart werden Blöcke mit bis zu 20 Papierbögen befestigt. Diese Papierbögen sind weiß oder beige, kariert, mit für das Publikum kaum sichtbaren Orientierungspunkten oder auch mit einer dezenten Linie versehen. Manche Flipcharts lassen sich parallel als Magnettafel nutzen. Geschrieben wird mit breiteren Filzstiften – den sog. Markern, die in verschiedenen Farben erhältlich sind. Ist ein Bogen beschriftet, wird er nach hinten geklappt oder auch abgerissen und für alle gut sichtbar an eine Wand gepinnt oder geklebt. Viele nutzen die Technik rein als Tafelersatz, was aber den Möglichkeiten dieses Mediums nicht gerecht wird. Ein Flipchart ist v. a. dann sinnvoll, wenn Gedankengänge oder Argumentationen – auch unter Einbezug der Teilnehmer – erarbeitet werden sollen, oder als Aufzeichnungsmedium bei der anschließenden Diskussion. Zu den wesentlichen Vorteilen zählen:

- Die Verwendung ist parallel mit anderen Medien möglich.
- Der Umgang ist schnell erlernbar.
- Diskussionsbeiträge und -ergebnisse lassen sich sofort festhalten.
- Einfaches Zurückblättern ist möglich.
- Einzelne Charts lassen sich abreißen und an der Wand befestigen.
- Inhalte sind auch noch längere Zeit nach dem Vortrag präsent.
- Flipcharts lassen sich variabel im Raum aufstellen; so können sie direkt vor den Zuhörer platziert werden.

INFO

Gerade für Besprechungssituationen stellt die Möglichkeit einer geringeren Distanz zwischen dem an der Präsentationsfläche stehenden Redner und dem Publikum einen wesentlichen Vorteil dar. Die Teilnehmer fühlen sich eher als gleichberechtigte Personen als bei anderen Formen der Präsentation.

Aber es gibt auch einen entscheidenden Nachteil: Flipcharts lassen sich nur bei einer eher kleineren Gruppe von Zuhörern verwenden. Ideal ist eine Gruppe von zehn Personen. Daher eignet sich die Verwendung von Flipcharts v. a. für längere Unterrichtsprojekte, Workshops, mehrtägige Seminare oder Kreativitätssitzungen.

3

Bei der Verwendung der Flipchart-Technik lassen sich unterschiedliche Vorgehensweisen unterscheiden:

- Ein leerer Bogen wird parallel zur Rede vor den Augen des Publikums beschrieben bzw. gemeinsam mit dem Publikum entwickelt oder erarbeitet.
- Der Bogen hat eine vorbereitete Grundstruktur, die nach und nach mit Inhalten gefüllt wird.
- Mehrere Bögen werden schon vor der Präsentation mit Überschriften, Thesen oder übergreifenden Aspekten beschrieben, die während des Vortrags dann ausgeführt oder ausgefüllt werden.
- Ein oder mehrere fertig beschriebene Bögen werden bei der Rede präsentiert.

Die Inhalte können dabei vom Redner oder nur vom Publikum eingebracht werden oder sie werden gemeinsam im Dialog erarbeitet. Bei der Verwendung sind ein paar Aspekte zu beachten:

- Gut lesbare, nicht zu kleine Schrift verwenden – Buchstaben sollten zwischen fünf und zehn Zentimeter groß sein.
- Präsentationstexte oder -grafiken bei Bedarf mit Bleistift vorschreiben.
- Evtl. Hilfslinien mit dem Bleistift auf das Papier zeichnen, sonst könnte die Schrift in einer „Berg- und Talfahrt" enden.
- Pro Flipchart nicht mehr als sieben Zeilen mit jeweils nicht mehr als sieben Wörtern anschreiben.
- Blickkontakt zum Publikum auch während der Präsentation halten, nicht gegen das Flipchart schreiben oder zeichnen.
- Zusammenfassende Flipcharts einfügen.
- Wichtige Flipcharts abreißen und an vorbereitete Wände hängen.

3. Pinnwand

Vorträge, Präsentationen und Reden lassen sich auch mit einer Pinnwand untermauern, die im Hoch- und Querformat zur Verfügung steht. Dazu werden die wichtigsten Stichworte auf Kärtchen geschrieben und während des Referats an der Pinnwand befestigt. Hierin liegt der wesentliche Vorteil gegenüber den anderen Präsentationsmethoden: Der Text wird nicht auf die Präsentationsfläche geschrieben, sondern auf Karten, die dann mit Nadeln an die Wand gepinnt werden. Das auf der Pinnwand ohnehin befestigte Papier kann zusätzlich als wichtige Schreibfläche für vertiefende Ausführungen und Grafiken dienen.

- Gedanken lassen sich schriftlich festhalten und sind somit jederzeit wieder abrufbereit.
- Textelemente können jederzeit verschoben, ergänzt, verworfen oder ganz neu geordnet werden.
- Die Aufnahmebereitschaft der Teilnehmer bleibt erhalten.
- Komplexere Sachverhalte lassen sich klar und übersichtlich darstellen.
- Die Meinungsvielfalt bleibt sichtbar.
- Ergebnisse lassen sich fotografieren.

Diese Methode ist v. a. geeignet für offene Entscheidungssituationen, Bewertungen und Zuordnungen, die auch von den Zuhörern vorgenommen werden können, sowie zur Visualisierung der Ergebnisse von Dialogen.

Zur übersichtlichen Gestaltung und Strukturierung können unterschiedliche Farben, Formen und Schriftgrößen dienen. Vermieden werden sollte allerdings, dass die Pinnwand zu bunt wird. Dies könnte zu Unübersichtlichkeit führen und damit kontraproduktiv wirken.

Wird die Pinnwand in erster Linie genutzt, um während der Rede die Zuhörer intensiv in den Entscheidungsprozess einzubeziehen, hilft die Technik der Kartenabfrage. Sie dient dazu, schnell Antworten auf eine vorgegebene Frage zu bekommen. Zu den wichtigsten Techniken zählen:

Kartenabfrage – pro Karte eine Antwort:
Auf die Pinnwand wird eine Frage geschrieben, z. B. „Wie lässt sich die Kundenorientierung erhöhen?" oder „Welche Erwartungen haben Sie an das Seminar?". Die Teilnehmer schreiben dann auf ihre Karten jeweils ihre Antworten und zwar immer pro Karte eine Antwort. Der Redner sammelt die Karten anschließend ein und sortiert sie.

Zuruffragen – gleich antworten:
Das Prinzip ist das Gleiche, nur werden im Unterschied zur Kartenabfrage die Antworten nicht auf Karten notiert, sondern dem Redner zugerufen, der sie für alle sichtbar aufschreibt. Diese Technik eignet sich besonders dann, wenn Anonymität nicht erforderlich ist, gegenseitige Anregungen erwünscht sind und auch nicht die Gefahr besteht, dass sich einzelne Teilnehmer zurückhalten.

3

Einpunktfragen – Meinungen einholen:

Hier wird auf die Pinnwand eine klar formulierte Frage wie z. B. „Wie wichtig sind in Ihrem Aufgabenbereich Methoden des Projektmanagements?" geschrieben. Auf einer Skala, die beispielsweise in „gar nicht wichtig", „wichtig" und „sehr wichtig" unterteilt ist, können die Teilnehmer dann mit einem Klebepunkt ihre Antwort platzieren.

Mehrpunktfragen – Meinungen bilden:

Ausgangspunkt ist auch hier eine auf der Pinnwand dargestellte Frage wie z. B. „Wie wichtig sind für Sie folgende Führungstechniken?". In einer Tabelle werden die verschiedenen Führungstechniken aufgezeigt. Jedes Teammitglied erhält nun eine bestimmte Menge von Selbstklebepunkten, die es frei auf die Tabelle kleben kann. Die Anzahl der Selbstklebepunkte ist dabei abhängig von der Größe der Gruppe und der Anzahl der Alternativen. Durch Addition der geklebten Punkte lassen sich dann Prioritäten erkennen, ein erstes Meinungsbild darstellen oder auch Entscheidungen erarbeiten.

INFO

Typisch ist übrigens eine Mischung der verschiedenen Methoden: Werden die beschriebenen Karten an die Pinnwand geheftet, ergeben sich häufig schon Schwerpunkte, die sich durch entsprechende Oberbegriffe überschreiben lassen. Auf der Basis dieser Kartenabfragen lassen sich dann Problem- und Entscheidungslisten erstellen, die auf der Basis einer Punktabfrage gewichtet werden können. Hier bekommen die Teilnehmer eine bestimmte Anzahl von Selbstklebepunkten, die sie für bestimmte Entscheidungen oder Probleme abgeben können.

4. Beamer

Am häufigsten kommt wohl der Beamer zum Einsatz, der mittlerweile v. a. den Overheadprojektor fast ersetzt hat. Der Vortrag wird hier mithilfe eines Computerprogramms erstellt. Ergebnis ist eine Präsentation, die aus einer Folge von elektronischen Folien, sog. Screens, besteht. Diese werden z. B. per Mausklick in einer vom Redner zuvor festgelegten Reihenfolge abgerufen. Eine Beamer-Präsentation ist v. a. vor Gruppen mit vielen Teilnehmern sinnvoll. Vorteile davon sind:

- Visualisierungen werden erheblich vereinfacht – sowohl bei der Herstellung als auch bei der Präsentation selbst.
- Die Präsentation kann so kleinschrittig erfolgen, dass der Zuhörer immer nur das visualisiert bekommt, was er im Augenblick für das genauere Verständnis benötigt.
- Sounddateien und Videos lassen sich einbinden.
- Während der Präsentation kann auf Internetseiten zurückgegriffen werden.
- Die Präsentation lässt sich nach Abschluss des Vortrags leicht an alle Teilnehmer per E-Mail versenden.
- Einmal abgespeichert, lassen sich diese Präsentationen immer wieder präsentieren, indem sie jeweils an den konkreten Anlass und die Redesituation angepasst werden.
- Als Redner hat man eine sehr gute Struktur oder einen guten Leitfaden, um eine Rede möglichst frei halten zu können.

Voraussetzungen für die Verwendung von Beamer-Präsentation sind allerdings:
- PC, Beamer und Projektionsfläche stehen dem Redner zur Verfügung.
- Der Redner beherrscht das erforderliche Computerprogramm zumindest in den Grundzügen.
- Der Redner hat genug rhetorische Erfahrungen, dass er diese Präsentationstechnik sinnvoll und souverän einsetzt und nur als das betrachtet, was sie tatsächlich darstellt: ein Hilfsmittel zur Visualisierung seiner Inhalte.

Für die Verwendung einer Beamer-Präsentation gelten ähnliche Regeln wie beim Overheadprojektor:
- Keine langen Texte, sondern nur Kernaussagen.
- Nie mehr als sieben Zeilen mit maximal etwa sieben Wörtern.
- Keine zu kleinen Schriftgrößen – es sollten mindestens 20 Punkt sein.
- Einheitliche Gestaltung der Folien – auf Standards zurückgreifen.
- Hauptgedanken alleine auf einen Screen stellen.
- Farben, Bilder und Grafiken einsetzen.
- Keine Mischung verschiedener Schriftarten.
- Keine weißen, aber helle Hintergründe.
- Leichte Muster bringen den Text mehr zur Geltung als ein vollfarbiger Hintergrund.

3

• Bilder, Tondateien wie Reden oder Musik oder auch Videosequenzen einbauen, wenn es sinnvoll erscheint.

Wie Overhaedprojektoren lassen sich auch Beamer flexibel einsetzen.

5. Tafel oder Whiteboard

Aber auch die alte Tafel hat noch nicht ausgedient. Im Gegenteil: In Form des Whiteboards erfährt sie gerade eine Art Renaissance. Bei einem Whiteboard handelt es sich um eine glatt beschichtete Wandtafel, auf der mit entsprechenden Stiften geschrieben und gezeichnet werden kann. Genauso leicht ist das Geschriebene anschließend dann auch wieder abwischbar. Die Handhabung ist einfach, allerdings muss an die Sicherung von Zwischen- und Endergebnissen gedacht werden, bevor sie wieder abgewischt werden. Hier haben sich Digitalkameras sehr bewährt, mit denen die Ergebnisse einfach abfotografiert werden können. Einige Whiteboards haben auch zusätzlich eine Ausdruckfunktion, wodurch sich der Inhalt des Whiteboards auf Knopfdruck generieren lässt.

Egal, ob klassische Tafel oder Whiteboard, in beiden Fällen handelt es sich um eine Technik mit vielen Vorteilen: Geringer Aufwand, da Tafel und Whiteboard schnell einsetzbar sind, günstig in den Kosten und ökologisch wie keine andere Technik. Der wesentliche Vorteil ist jedoch: Tafelanschriebe sind unmittelbar und einzigartig. Da sie nach dem Vortrag wieder weggewischt werden, werden sie immer eigens für eine bestimmte Zuhörergruppe entwickelt. Die persönliche Handschrift und eigene Skizzen verleihen dem Tafelanschrieb dadurch eine persönliche Note. Da sich der Tafelanschrieb zudem vor den Augen der Zuhörer vollzieht, ist die Entwicklung der Inhalte oder der Gedanken besonders leicht nachvollziehbar. Zudem lässt sich der Anschrieb auch im Dialog mit den Zuhörern entwickeln und ist daher auch für spontane Ergebnisse offen. Die Zuhörer können also unmittelbar am Vortrag mitwirken, was diesen oft interessanter und lebendiger macht, da das Publikum nicht in seiner stummen Rezipientenrolle verharren muss. Wenn sich dann ein Beitrag in der nachfolgenden Diskussion als falsch erweist, lässt sich die entsprechende Visualisierung auch schnell wieder wegwischen. Die Arbeit mit einem Whiteboard bzw. einer Tafel ist oft dynamischer als eine reine Präsentation und empfiehlt sich besonders, wenn Sie Ihre Zuhörer zur Mitarbeit animieren möchten.

AUF EINEN BLICK

Gute Tafelanschriebe zeichnen sich durch eine gelungene Reduktion aus: Sie halten nicht alles wörtlich und auch nicht in voller Ausführlichkeit fest, sondern fassen die Rede übersichtlich und in prägnanten Formulierungen zusammen.

3

Bei der Nutzung einer Tafel sind die folgenden Grundregeln unbedingt zu beachten:

- Für die Tafelanschrift darf man sich nicht zu lange von seinem Publikum abwenden, da dadurch auch die Gefahr besteht, dass die Tafelanschrift zu umfangreich wird. Außerdem wird so der Kontakt zwischen Redner und Publikum gestört, was dazu führen kann, dass das Publikum die Aufmerksamkeit verliert und nicht mehr dem Vortrag des Redners folgt.
- Niemals sollte während eines Vortrags gewischt werden. Als Faustregel gilt: Eine Tafel für einen Vortrag, ansonsten wird der Tafelanschrieb zu umfangreich und erfüllt nicht mehr seinen eigentlichen Zweck.
- Die gedankliche Struktur der Tafelanschrift sollte sich auch in der grafischen Anordnung widerspiegeln: durch Abstände, durch Gliederungssymbole, durch Unterstreichungen, aber auch ruhig durch den Einsatz von farbiger Kreide oder von Druck- und Großbuchstaben.

4

4. Diskussionen und Unterbrechungen: Wie lassen sie sich konstruktiv lenken?

Jeder Redner ist mit einem Publikum konfrontiert, das sich mitunter durch Zwischenrufe, Fragen oder sogar auch Angriffe bemerkbar macht. Auch wenn es die Lösung oder das Patentrezept für den Umgang mit derartigen Unterbrechungen nicht gibt, so bieten sich doch eine Reihe wirkungsvoller Möglichkeiten und Strategien an.

4.1 Ablenkung: Welche Zwischenrufe und Fragen sind zu erwarten?

Man kann noch so gut vorbereitet sein und Inhalte, Struktur und Medien auf Anlass und Zielgruppe abgestimmt haben, gegen Zwischenrufe, eine plötzliche Unruhe oder auch den Weggang einzelner Zuhörer kann man als Redner kaum etwas unternehmen. Ein paar Tricks gibt es allerdings:

Fall 1: Zuhörer ist unruhig
Regel Nr. 1 lautet hier: auf keinen Fall die Unruhe auf sich beziehen. Denn wird das Publikum unruhig, kann es hierfür zahlreiche Ursachen geben, die man als Redner nicht immer bemerkt. Typische Beispiele sind die nahende Mittagspause und der damit verbundene Hunger oder ein durch das Fenster sichtbares Ereignis im Außenbereich des Tagungsraums. Das Wichtigste ist jetzt, die Aufmerksamkeit des Publikums wieder auf den Inhalt des Vortrags zu lenken. Dies funktioniert beispielsweise durch leiseres Sprechen, damit sich die Zuhörer wieder dem Redner zuwenden, um doch nichts zu verpassen. Funktioniert dies nicht, hilft oft die freundlich und ruhig an das Publikum gerichtete Frage, was der Grund für die Unruhe sei und ob man als Redner etwas dazu tun könne, dass sich die Aufmerksamkeit wieder auf die Rede lenken lässt.

Fall 2: Zuhörer erscheint desinteressiert

Erscheinen immer mehr Teilnehmer oder gar das ganze Publikum mehr oder weniger gelangweilt, ist zu prüfen, ob man noch in der Zeit liegt. Falls nicht, lässt sich das desinteressierte Verhalten des Publikums als Hinweis verstehen, sich um ein baldiges Ende zu bemühen. In diesem Fall sollte man dann möglichst schnell zum Ende des Vortrags kommen. Ist dies nicht der Grund, sollte man sich auf seine gute Vorbereitung verlassen und gezielt den Blickkontakt mit dem Teil an Zuhörern zu suchen, der weiterhin Aufmerksamkeit demonstriert.

Fall 3: Zuhörer verlässt den Raum

Gründe für das Verlassen können ganz unterschiedlich sein: ein persönliches Bedürfnis, Unwohlsein oder auch ein schneller Telefonanruf. Hier gibt es nur eine Strategie: ruhig bleiben, weitersprechen und sich klar machen, dass es für den Weggang der Zuhörer viel mehr Gründe bei diesen selbst als bei dem Redner geben kann.

Fall 4: Es gibt Zwischenrufe und Fragen

Manche Zuhörer machen durch Zwischenrufe und Fragen auf sich aufmerksam. Hier kann man schon zu Beginn des Vortrags gegensteuern, indem man bittet, Fragen oder Zwischenrufe möglichst kurz zu halten oder auch auf die spätere Diskussion zu verschieben, bzw. darauf hinweist, dass Verständnisfragen gerne während des Vortrags, darüber hinausgehende inhaltliche Fragen oder für die Diskussion relevante Fragen doch auf die Diskussion im Anschluss an den Vortrag verlegt werden sollten. Kommt es dennoch zu Zwischenrufen und Fragen, ist die Form des Zwischenrufes entscheidend.

AUF EINEN BLICK

Bei sachlichen Zwischenrufen helfen: Akzeptieren, Verstehen, zeitnahes sachliches Beantworten, Vertrösten auf einen späteren Zeitpunkt, Weiterleiten an das Publikum sowie auch Passen. Bei unhöflichen und unsachlichen Zurufen helfen: Ignorieren, keine zu starken und v. a. aggressiven Reaktionen, Wiederholen und Rückfragen. Bei witzigen Zwischenrufen hilft nur eines: einfach mitlachen und die heitere Stimmung nutzen!

4

Fall 5: Killerphrasen – was tun?

Jeder Redner kennt sie – die beliebten Killerphrasen wie „Unsinn", „Quatsch", „So kommen wir hier nicht weiter" etc. Gegen sie kann man sich nur wehren, wenn man die Taktik mutig beim Namen nennt und entsprechend ruhig und gelassen dagegen argumentiert: „Killerphrasen bringen uns hier nicht weiter ...", „In meinen Augen ist dies hier kein Quatsch" oder „Tut mir sehr leid, dass dies Ihre Meinung ist; wir haben uns intensiv mit dieser Thematik auseinandergesetzt und stehen hinter diesen Ergebnissen". Dabei sollte man darauf achten, sich möglichst sachlich zu äußern, um eine Eskalation zu vermeiden.

> **INFO**
>
> Manche Menschen merken übrigens gar nicht, dass sie Killerphrasen benutzen. Daher sind sie bei dem Hinweis, dass sie eine Killerphrase nutzen, ganz erstaunt.

4.2 Angriffe: Welche Gegenstrategien gibt es?

In manchen Fällen ist man als Redner nicht nur mit einfachen Fragen oder auch witzigen Zwischenrufen konfrontiert, sondern echten Angriffen ausgesetzt, auf die man souverän reagieren muss, damit keine Eskalation entsteht. Dies ist schwierig, denn häufig kommen die Angriffe unerwartet und blockieren die Gedanken des Redners. Die Folge sind dann ein roter Kopf, Ratlosigkeit oder schnelle und heftige Reaktionen. Folgende Strategien können in dieser Situation jedoch helfen:

Übergreifende Strategien

- Andere Position einnehmen – das beruhigt nicht nur; dadurch lässt sich auch der Ort des Vortragens vom Ort der Argumentation trennen.
- Haltung, die signalisiert: „Ich überlege sachlich, was Sie sagen, und bilde mir meine Meinung als der Experte hier im Raum."
- Souveräne Pause, um die Gefühle der Aggressivität sowohl bei sich selbst als auch beim Publikum abklingen zu lassen.
- Paroli bieten mit einer konkreten Gegenstrategie.

Konkrete Gegenstrategien

Welche Gegenstrategie im konkreten Fall geeignet ist, hängt von der Art des Angriffs ab. Dabei sind zu unterscheiden:

1. Behauptungen werden verallgemeinert

Intention des Störers ist hier, zu behaupten, dass die Thesen oder die Argumente in einem größeren Rahmen nicht richtig sind. Als Reaktion sollte man die Aussage würdigen und dem Angreifer in der „allgemeinen Sache" durchaus recht geben.

2. Behauptungen werden mit der Praxis verglichen

Intention ist es, die vom Redner aufgestellte Theorie oder die vom Redner erläuterten Thesen vor dem Hintergrund praktischer Erfahrungen zu entkräften. Hier hilft nur eines: Ruhe bewahren, zu seinen eigenen theoretischen Aussagen stehen, den Einwand wertschätzend entgegennehmen und zu einer Ergänzung der eigenen Theorie verwandeln.

3. Behauptungen werden scheinbar nicht verstanden

Einer der Zuhörer nützt seine Vormachtstellung als Autorität und tut so, als hätte er die Ausführungen des Redners nicht verstanden, möchte aber implizit sagen, das Gesagte ist Unsinn. Hier hilft nur eines: nochmals mit den Erläuterungen anfangen und sich nicht auf eine nähere Diskussion einlassen.

4. Ober sticht Unter

Mitunter sind Redner auch Drohungen ausgesetzt, die auf Gesetzen, Verordnungen oder einfach nur der Meinung von höheren Autoritäten basieren. In diesem Fall hilft es, darauf einzugehen und noch höhere Autoritäten heranzuziehen.

5. Es entsteht Zorn

Mitunter muss man sich als Redner schon sehr beherrschen – die Einwände der Angreifer sind so, dass man schon fast zornig wird. Und der typische Impuls ist: Wenn dich jemand zornig angreift, schlage zurück. Genau dies ist natürlich das Ziel des angreifenden Zuhörers: Mach den Redner zornig, dann wird er auch Fehler begehen. Dies ist gefährlich. Besser ist: kühlen Kopf bewahren und bei der eigenen Aussage bleiben.

4

6. Besserwisser unter den Zuhörern

Sie gibt es immer – die „Besserwisser" unter den Zuhörern, die dem Redner das Gefühl geben, er habe keine Ahnung und seine Ausführungen seien unglaubhaft. In diesem Fall hilft nur: bei seinen eigenen Kompetenzen bleiben und zugeben, was man kann und was man nicht kann.

7. Negatives Zuordnen

So mancher Zuhörer ordnet die Aussagen eines Redners ohne weitere Prüfung gleich einer negativen Kategorie zu. Hier hilft immer: Thema so lassen, ihm aber eine andere Beschriftung geben.

8. Zuhörer verängstigt Redner

Mitunter gibt es auch Zuhörer, die versuchen, den Redner zu verängstigen. Was tun? Hier wie in vielen anderen Fällen gilt: Ehrlichkeit siegt. Die einzige Strategie ist, zu verdeutlichen, dass die Einwände der Zuhörer vom Redner schon tiefer gehend durchdacht und genau geprüft wurden.

INFO

Geht es um den Umgang mit Angriffen, wird mitunter auf die sog. Bambustechnik verwiesen:

B Bestätigen, Bejahen
A Aufmerksamkeit, Anerkennung signalisieren
M Möglichkeit von Fehlern zugeben
B Bereitschaft zum Diskutieren zeigen
U Umlenken der Emotionen auf die Sachebene
S Sachebene und Sachgerechtigkeit anstreben

4.3 Unterbrechungen: Souverän meistern

Für Unterbrechungen können nicht nur Zwischenrufe, Fragen oder Angriffe sorgen; auch die eigene Person kann eine Ursache hierfür sein. Eine rhetorische Grundregel lautet hier: Unterbrechungen wird es immer geben; die Kunst liegt darin, sie richtig zu meistern. Hierfür stehen folgende Strategien zur Verfügung:

4

- Neuen Anlauf nehmen, indem man z. B. auf Gesagtes zurückgreift. Typisches Beispiel ist „Wie ich an früherer Stelle schon gesagt habe, ist es wichtig, folgenden Punkt hervorzuheben."
- Trittfassen durch Wiederholung des zuletzt ausgesprochenen Gedankens oder der wesentlichen Teile des Vortrages in anderen Worten. Beispiel: „Lassen Sie mich das bisher Gesagte nochmals zusammenfassen".
- Fragen stellen, um vorübergehend vom Monolog in den Dialog zu wechseln. Beispiel: „Hat jemand von Ihnen schon ähnliche Erfahrungen gemacht?"
- Missgeschicke mit Humor nehmen, denn jedem Redner kann einmal ein kleines Missgeschick passieren. Beispiel: „Sie sehen, meine Person und Technik – zwei Welten, die aufeinanderstoßen."
- Erläuterung eines zusätzlichen Beispiels zur Vertiefung.
- Erzählen einer passenden kleinen Geschichte, die extra für diesen Zweck vorbereitet wurde – Beispiel: „Übrigens, da fällt mir eine kleine Geschichte ein".
- Überbrücken von Spannungssituationen, indem auf Hilfsmittel zurückgegriffen wird – wie beispielsweise eine Folie mit der Gliederung des Vortrags.
- Übergehen des kritischen Punktes oder Stichworts und Weitergehen zum nächsten Punkt – evtl. kann das besagte Stichwort auch später nochmals aufgegriffen werden.

INFO

Für den Ernstfall hilft übrigens ein Notstichwortzettel. Auf diesem werden diejenigen Methoden notiert, die einem als Redner weiterhelfen könnten. Dies könnte beispielsweise die Wiederholungstaktik oder auch das universell einsetzbare Beispiel sein. Hat man als Redner diesen Notfallstichwortzettel, der möglicherweise auch eine andere Farbe hat als der normale Stichwortzettel, immer parat, hat man eine gute Stütze.

Generell ist es wichtig, sich durch Zwischenrufe, Fragen und Anmerkungen des Publikums nicht aus der Ruhe bringen zu lassen und diese Unterbrechungen v. a. nicht als Angriffe gegen die eigene Person zu verstehen.
Lassen Sie sich nicht verunsichern, sondern nutzen Sie Zwischenrufe positiv als Anregungen und Impulse für Ihren Vortrag. Denn solche Zwischenfragen zeigen Ihnen, was Ihr Publikum besonders interessiert bzw. was Sie noch einmal genauer erklären sollten.

Small Talk

Auch Small Talk gehört zur Kunst der Rhetorik. Die folgenden Tipps helfen Ihnen dabei, den perfekten Small Talk zu betreiben:

1. Auf den Gesprächspartner einstellen

Was ist das wesentliche Geheimnis kontaktfreudiger Menschen? Wie finden sie immer leicht Anschluss? Ganz einfach: Sie stellen sich auf ihr Gegenüber ein. Denn Menschen mögen Menschen, die ihnen ähnlich sind, denen wichtig ist, was ihnen wichtig ist, die an das glauben, woran sie glauben und die ähnlich fühlen und denken wie sie.

2. Interesse am anderen zeigen

Der nächste Schritt ist es nun, sich aufrichtig für den anderen zu interessieren. Man sollte sich bewusst sein, mit was für einem Menschen man es zu tun hat und welche Gemeinsamkeiten man mit diesem hat.

3. Was macht dem Gesprächspartner Spaß?

Small-Talk-Experten reden weniger von sich. Vielmehr stellen sie ihren Gesprächspartnern vor allem Fragen. Diese können sowohl auf Interessen und Hobbys, aber auch den beruflichen und familiären Hintergrund abzielen. Dabei helfen folgende Hilfsmittel:

- Offene Fragen stellen: Sie sind besonders geeignet, den Gesprächspartner ins Reden kommen zu lassen und ausführliche Antworten zu erhalten. Erfahrungsgemäß sind „Was-" und „Wie-Fragen" am besten geeignet.
- Eigenes preisgeben: Erzählen Sie ruhig auch über etwas, das Ihnen wichtig ist – das lockert die Atmosphäre.
- Nach angenehmen Dingen fragen: Ungeeignet sind sicherlich Fragen wie „Wie fanden Sie Ihre letzte Wurzelbehandlung?". Denn Gesprächspartner werden meist mit den Stimmungen verbunden, in die sie andere versetzen. Besser sind Fragen wie „Wo haben Sie Ihren letzten Urlaub verbracht?"

4. Vertiefende Fragen stellen

Sobald man nach den ersten Fragen weiß, was dem Gesprächspartner wichtig ist, kann man darauf aufbauen und diese Aspekte durch entsprechende Fragen vertiefen. Ziel ist es, den Gesprächspartner mehr oder weniger träumen zu lassen.

Typisches Beispiel ist das Ehepaar, bei dem man weiß, dass dessen größtes Glück die Kinder und Enkel sind. In der Folge fragt man sie: „Wann kommen Ihre Enkel wieder zu Besuch?", „Was haben Sie mit ihnen das letzte Mal unternommen?" oder „Welche Pläne haben Sie in den Ferien mit Ihren Enkeln?".
Sie werden sehen: Die Freude über die gestellten Fragen wird groß sein und sie werden als Gesprächspartner hoch im Kurs stehen.

5. Aufrichtige Komplimente machen

Der positive Effekt des Small Talks lässt sich schließlich noch dadurch verstärken, dass man aufrichtige Komplimente macht. Hierbei handelt es sich um eine Kunst, die man durchaus erlernen kann. Und es geht ganz leicht, wenn Sie erst einmal den Kontakt hergestellt und alle obigen Punkte während eines Gesprächs beherzigen. Alle Informationen, die Sie im Laufe des Gesprächs gesammelt haben, lassen sich gut berücksichtigen, um Komplimente zu entwicklen und zu artikulieren.
Hilfreich sind dabei folgende Tipps:

• Glaubhaft sein und den Gesprächspartner nicht für blöd verkaufen. So ist es wenig produktiv, dem Gesprächspartner trotz Bierbauchs ein Kompliment über seine sportliche Figur zu machen.

• Ganz wichtig sind „Ich-Botschaften" und „Ich-Komplimente", denn letztlich beziehen Sie Stellung und vertreten Ihre Meinung.

• Sagen Sie, was Sie denken und meiden Sie dabei Allgemeinplätze. Versuchen Sie auch, möglichst konkret zu bleiben.

Komplimente werden gerne wahrgenommen. Gelingt es, jemandem dadurch seinen Tag zu versüßen, wird er intuitiv wissen, dass er aufmerksamer als sonst wahrgenommen wird. Derartige Gesprächspartner sind gesucht.

INFO

5

5. Nacharbeit: Lernen für die nächste Rede

Im Nachgang einer Rede kann sich jeder Redner erst einmal zurücklehnen und das Ende der Rede genießen. Allerdings bleibt es selten bei einer Rede. Im Gegenteil – jeder Redner sollte sich angewöhnen, zu prüfen, wie es lief, was hätte besser laufen können und was sich für die Zukunft lernen lässt.

5.1 Erster Schritt: Analyse

Es gibt zwei Quellen, die für eine sorgfältige Analyse hilfreich sind:

Feedback-Bogen
Mittlerweile ist es üblich, dass in so gut wie allen Reden, Vorträgen und Seminaren abschließend Feedback- und Bewertungs-Bogen ausgeteilt werden, um Meinungen und konkrete Hinweise der Zuhörer einzuholen.

Persönliche Analyse
Die Analyse der ausgeteilten Feedback-Bogen reicht aber oft nicht aus oder bringt häufig auch nur wenig Neues. Dies ist v. a. dann der Fall, wenn die Bogen oberflächlich formuliert sind und der Zuhörer kaum die Möglichkeit erhält, konkrete Kritikpunkte und Verbesserungsvorschläge anzubringen. Im Rahmen einer persönlichen Analyse ist daher ergänzend zu prüfen:

- Ist es gelungen, die Zuhörer zu gewinnen oder waren sie eher desinteressiert?
- Gelang es, durch Gestik und Mimik die Aussagen zu unterstreichen?
- War die Rede akustisch gut zu verstehen? Waren Tempo und Lautstärke angemessen?
- Wurden sprachliche oder rhetorische Mittel erfolgreich eingesetzt?
- Sind die Argumente angekommen?
- War der rote Faden zu erkennen?
- Hat die Rede zum Thema und zu der Aufgabenstellung gepasst?

Nacharbeiten bedeutet aber nicht nur Analysieren verschiedener Quellen, sondern auch sich Verbesserungsmaßnahmen zu überlegen und umzusetzen.

5

AUF EINEN BLICK

Analyse: Wie lief die letzte Rede?
→ Was lief gut?
→ Was lief weniger gut?
→ Welche Gründe lassen sich hierfür erkennen?
→ Was lässt sich wie trainieren?
→ Welche konkreten Maßnahmen können hier greifen?
→ Wann werden diese konkreten Maßnahmen angegangen?
→ Welche Vorbereitungen sind hierfür noch erforderlich?

INFO

Vielleicht kennen Sie während einer Rede einen Ihrer Zuhörer besser und haben Vertrauen zu ihm. Dann nutzen Sie es, indem Sie ihn bitten, Ihnen nach der Rede kritisch und ehrlich Feedback zu geben. Diese Quelle ist oft die wirksamste.

5.2 Zweiter Schritt: Checklisten

Ein wichtiges Hilfsmittel zur Beurteilung eigener und auch fremder Reden stellen Checklisten dar, wie sie im Folgenden vorgestellt werden. Die Bewertung kann unterschiedlich gehandhabt werden: entweder mit „Ja"/ „Nein", mit Schulnoten oder auch mit einer Skala von „sehr gut bewältigt", über „weniger gut bewältigt" bis „gar nicht bewältigt". Manche Fragen lassen sich auch frei beantworten.

Checkliste 1: Gesamteindruck

Wurden Rede- und/oder Vortragsziel erreicht?	
Waren Beginn und Einleitung griffig?	
War das Ende einprägsam und treffend?	
Entstand eine überzeugende und glaubwürdige Einheit zwischen Redner, Inhalt und Vortrag?	

5

Wie waren die Reaktionen des Publikums?

Wie war das Feedback des Veranstalters oder der Organisatoren?

Wie war der Applaus?

Checkliste 2: Vorbereitung

War die Vorbereitungszeit richtig bemessen?

War die Phase der Stoffsammlung ausreichend?

War man ausreichend über organisatorische und weitere inhaltliche Aspekte der Veranstaltung informiert?

War die Art des zugrunde liegenden Manuskripts passend?

Checkliste 3: Inhalt

Waren die Aussagen verständlich?

Waren Gedanken, Argumente, Thesen und die logische Abfolge der Argumente nachvollziehbar?

Gab es überflüssige Bemerkungen oder Nebensächlichkeiten?

War das Ziel des Vortrags klar formuliert?

Gab es Höhepunkte in der Dramaturgie?

Wurde das Publikum zum Handeln motiviert?

Gab es langweilige Passagen?

Checkliste 4: Aufbau, Gliederung und Sprache

Wurde der logische Aufbau von Einleitung, Hauptteil und Schluss eingehalten?

War die Wortwahl angemessen?

Waren Satzbau und Stil einfach und präzise?

War die Sprache bildhaft und konkret?

Wurden wenig Neben- und Schachtelsätze eingesetzt?

Wurden rhetorische Fragen und Stilmittel eingesetzt?

Wurde der Zuhörer konsequent und überzeugend angesprochen?

War der Nutzen für das Publikum erkennbar?

Wurden Aufmerksamkeit und Interesse bei den Zuhörern geweckt?

Waren die Aussagen zum Thema positiv, lebhaft und interessant?

Checkliste 5: Äußeres, Auftreten und Ausstrahlung

Passten Kleidung, Haare und Schmuck für den Anlass und die Inhalte?

Passten Haltung, Gestik und Mimik zu der Person und zu dem Redeanlass?

Waren Auftritt und Abgang ausreichend professionell?

Checkliste 6: Gesamtwirkung

Konnte Blickkontakt zum Publikum aufgebaut und gehalten werden?

Konnten Nervosität und Lampenfieber vermieden werden?

War die Handhabung des Redemanuskripts gelungen?

Stimmten Sprechtempo, Lautstärke, Atmung und Pausen?

War der emotionale Ausdruck des Redners glaubwürdig, überzeugend und souverän?

Wurde die vorgesehene Zeit eingehalten?

Checkliste 7: Einsatz von Handouts und visuellen Hilfsmitteln

Waren genügend Handouts vorhanden?

Sind sie beim Publikum angekommen?

Konnte die Visualisierung reibungsfrei erfolgen?

Hatten alle Zuhörer gute Sicht- und Hörverhältnisse?

Waren die zur Hilfe genommenen Visualisierungstechniken ausreichend und hilfreich?

Ist es gelungen, die Visualisierungstechniken als Hilfestellung zu betrachten?

Richtig Feedback geben

Feedback ist in doppelter Hinsicht schwierig – sowohl für denjenigen, der es empfängt als auch für denjenigen, der Feedback gibt. Wie für vieles in der Rhetorik gilt auch hier: Feedback-Geben will gelernt sein.

1. Richtiger Rahmen
- Feedback sollte so früh wie möglich gegeben werden.
- Der Empfänger muss bereit dazu sein, die Feedback-Botschaft zu empfangen und sollte nicht unter Stress oder Druck stehen.
- Als Feedback-Geber muss man frei von Emotionen sein. Jemandem etwas „heimzuzahlen" macht wenig Sinn und wird selten erfolgreich sein.

2. Positive Rückmeldungen
Die besten Bedingungen für das Lernen schafft man durch Lob. Auf eine Feedback-Situation bezogen, bedeutet dies, dass man zunächst mindestens drei positive Rückmeldungen gibt und dabei möglichst konkret ist. Erst danach sollte man einen negativen Punkt anbringen. Der Empfänger fühlt sich dadurch zunächst gewürdigt und auf seinem Weg bestärkt.

3. Ein konkreter Verbesserungsvorschlag
Zu viel Lob darf aber auch nicht sein, denn Ziel des Feedbacks ist es ja, Kritik zu üben. Kritik kann unterschiedlich angebracht werden: Damit Feedback tatsächlich erfolgreich ist, sollte die enthaltene Kritik konstruktiv, zukunftsorientiert und möglichst konkret sein.

4. Würdigung der Person
Das Feedback sollte in einer positiven Stimmung beendet werden, indem man die Person allgemein würdigt. Dem Empfänger wird damit die Chance gegeben, mit dem Feedback einverstanden zu sein.

INFO

6. Typische Reden: Wie gelingen sie?

6

In der Antike unterschied man Gerichtsrede, politische Rede und Festrede; mittlerweile gibt es weitaus mehr Redetypen. Zu den typischen Redeformen gibt es im folgenden Abschnitt ein paar übergreifende Hinweise.

6.1 Wie gelingen Sachvortrag und Referate?

Referate und Sachvorträge bezeichnen jede Form der Rede, bei der möglichst sachlich über ein Thema berichtet wird. Vorteil ist, dass zu nahezu jedem Thema mittlerweile unendlich viele Informationen existieren. Die Kunst des Redners ist es nun, die richtige Auswahl zu treffen und sich auf das Wesentliche zu konzentrieren. In der Vorbereitung muss man sich somit v. a. fragen:

- Was können die Zuhörer verstehen?
- Was müssen sie zu diesem Thema wissen?

Dies bedeutet zunächst, dass man sich als Redner gründlich in der Sache vorzubereiten hat. Denn nur so lässt sich erkennen, welche Inhalte für den konkreten Fall wichtig sind und wie diese Inhalte aufzubereiten sind. Zudem ist man so gerüstet für eventuelle Nachfragen und Diskussionen.

Darüber hinaus sind noch folgende Aspekte wichtig:

- In der Einleitung auf das Wesentliche konzentrieren und zu Beginn die Erwartungen abfragen.
- Gliederung und roten Faden transparent machen.
- Methoden wechseln, um Aufmerksamkeit und Interesse zu erhöhen.
- Zusammenfassung von wichtigen Zwischenergebnissen und Thesen.

INFO

Gerade für Sachvorträge und Referate empfiehlt es sich, die Gliederung immer wieder sichtbar zu machen – sei es parallel als Blatt auf dem Flipchart oder als Folie bei einer Beamer-Präsentation, die immer wieder gezeigt wird.

6

Vermeiden sollte man, dass
- Zuhörer zu wenig beachtet oder sogar überfordert werden,
- man sich zu sehr auf das eigene Wissen konzentriert,
- keine Inhalte visualisiert werden,
- kein Methodenwechsel eingeplant wird,
- keine Schwerpunkte gesetzt werden,
- das Zeitmanagement vernachlässigt wurde,
- nur vorgelesen und nicht frei gesprochen wird.

6.2 Wie gelingen Meinungsreden?

Ziel der Meinungsrede ist es, das Publikum zu motivieren und von einem bestimmten Sachverhalt zu überzeugen. Die typische Meinungsrede möchte zu etwas motivieren, wozu zunächst noch keine Bereitschaft vorhanden ist oder wovon der Zuhörer noch nicht überzeugt ist. Ohne zu manipulieren, möchte sie dabei das Urteil oder die Forderungen eines Zuhörers beeinflussen, das Bewusstsein ändern, gleichzeitig den Zuhörer aber auch ernst nehmen. Anlässe für Meinungsreden gibt es sowohl im privaten als auch im beruflichen Bereich. Typische Beispiele sind das Motivieren von Vereinsmitgliedern, die Organisation einer bestimmten Veranstaltung oder die Überzeugung der Mitarbeiter des Unternehmens, des Projekts oder der Abteilung, eine bestimmte organisatorische oder strukturelle Veränderung mitzutragen.

Bevor man die eigene Meinungsrede ausarbeitet, sollte man sich möglichst sorgfältig mit den Positionen der Gegenseite, mit der Haltung der Zuhörer und mit der eigenen Position auseinandersetzen:
- Welche Meinung vertritt die Gegenseite? Wie lautet die zugrunde liegende These?
- Wie ist ihre Argumentation? Welche Argumente sind so schwach, dass sie sich leicht widerlegen lassen? Welche Argumente lassen sich relativieren, abschwächen und in ihrer Bedeutung mindern? Welche Argumente sind populistisch, müssen also besonders sorgfältig betrachtet werden?
- Welche Argumente der Gegenseite sind so gut, dass man sie unbedingt ernst nehmen und explizit anerkennen muss?

- Welche Grundhaltungen und Werte der Gegenseite lassen sich auch für die eigene Position nutzen?
- Welche Haltung herrscht bei dem Publikum bisher vor? Tendieren die Zuhörer eher zur Gegenseite oder zur eigenen Position?
- Für welche Argumente ist das Publikum besonders empfänglich?
- Von welchen Argumenten lässt sich das Publikum am ehesten überzeugen?
- Zu welcher veränderten Denkweise oder Handlung möchte ich meine Zuhörer explizit bewegen?
- Was sind die inneren Motive? Welche Rolle und Verantwortung habe ich als Redner?
- Ist die Situation stimmig?
- Was ist die zentrale Botschaft? Wie lautet die These genau?
- Sind die Forderungen überhaupt legitim und zum gegenwärtigen Zeitpunkt realistisch?
- Wie ist die Argumentation? Welche Argumente sind treffend?
- Mit welchen Argumenten bin ich als Redner angreifbar?

Sind diese und ähnliche Fragen geklärt, geht es an die Formulierung der eigenen Argumentation. Hier muss zunächst die eigene These möglichst genau formuliert und der Gegensatz zur Antithese verdeutlicht werden. Anschließend greift man auf die bekannten und bewährten Argumente zurück und überlegt sich zusätzliche Argumente, die für das Thema und als Gegenargument sinnvoll sind.

INFO

Nehmen Sie sich hier ein Blatt Papier und schreiben Sie auf die linke Seite die Pro-Argumente und auf die rechte Seite die Kontra-Argumente. Dadurch gewinnen Sie nicht nur einen Überblick über relevante Argumente, sie haben gleich eine sinnvolle Struktur.

Bei der Rede selbst liegt der Schwerpunkt dann nicht auf der Vermittlung von Fakten – wie bei dem Sachvortrag – sondern auf deren Bewertung und der Ausrichtung auf das zugrunde liegende Redeziel: Was soll beim Publikum bewegt werden? Welche Argumente sind besonders wichtig und müssen dementsprechend hervorgehoben werden? Welche sind weniger wichtig und können auf eine ausführliche Darstellung verzichten? Eine besonders wichtige

6

Rolle spielt hier der Schlusssatz: Er soll die zentrale Botschaft nochmals zusammenfassen und für einen schwungvollen, idealerweise sogar Begeisterung auslösenden Schluss sorgen.

6.3 Wie gelingen Festreden?

Im Vergleich zum Sachvortrag und zur Meinungsrede wird die Festrede häufig weniger ernst genommen. Dies ist schade und entspricht nicht der Realität. Denn wird sie nicht in gleicher Weise ernst genommen, entstehen schnell erzwungene Gelegenheitsreden, die eher Verlegenheitsreden genannt werden müssten und oft mit der Floskel „Ich bin kein guter Redner, lassen Sie mich dennoch …" beginnen und oft enden mit den Worten „So, das war's, was ich eigentlich sagen wollte. Zumindest ist dies meine persönliche Meinung." Darum gilt: Eine Festrede ist genauso vorzubereiten wie ein sachlicher Vortrag oder eine Meinungsrede. Situationen für Festreden gibt es viele – typische Beispiele im öffentlichen Bereich sind Verabschiedungen, Einweihungen und Grundsteinlegungen oder auch Gedenktage und Ehrungen; typische Beispiele im beruflichen Bereich sind Betriebs- und Dienstjubiläen, Verabschiedungen oder auch betriebliche Feiern; typische Anlässe für Festreden im privaten Bereich sind Ehrungen und Jubiläen in Vereinen und Verbänden, Feiern und andere Anlässe in Vereinen und Verbänden, Reden zu Geburtstagsfeiern, Reden zu familiären Ereignissen – von der Taufe bis zur Hochzeit, Familienfeste oder auch Trauerreden.

Unabhängig vom konkreten Anlass ist für jede Festrede im Vorfeld zu klären:
• Was ist der Anlass?
• Was wissen alle über diesen Anlass?
• Was ist besonders erwähnenswert?
• Welche neuen Einsichten sind relevant?
• Wofür danken wir / welchen Ausblick eröffnet dieser festliche Anlass?

Bei der Vorbereitung einer Festrede ist dann wichtig:
• Schwerpunkt und Anlass verdeutlichen,
• Form festlegen: frei, ausformuliert oder als Gedicht,
• Redeschmuck auswählen, d. h. Wortwahl, Satzbau, Stilfiguren, Zitate,

- geeignete Gesten prüfen wie z. B. stumme Verneigung, Übergabe von Geschenken, Aussprechen eines Toasts.

6

> **INFO**
>
> Nach dem antiken Verständnis liegt der Schwerpunkt dieser Redegattung beim „delectare", was bedeutet, dass Festreden die Gäste „festlich stimmen", „erbauen" oder „erheitern" sollen.

6.4 Wie gelingen Trauerreden?

Auch wenn es mitunter schwerfällt, gerade Trauerreden müssen sorgfältig vorbereitet werden. Sie müssen persönlich sein und individuelle Charakteristika des Verstorbenen beinhalten. Aber andererseits dürfen sie auch nicht zu persönlich sein, indem sie die Hinterbliebenen womöglich aus der Fassung bringen. Sicherlich handelt es sich um eine der schwierigsten Rede-Gelegenheiten, die es im menschlichen Zusammenleben gibt. Nichtsdestotrotz ist auch diese Gelegenheit zu meistern, wenn man sich ein paar Hilfestellungen vor Augen hält:

Kannte man den Verstorbenen persönlich, ist die Zusammenstellung von Fakten nicht schwierig. Man weiß, welche Aspekte dem Verstorbenen in der Rede wichtig sind und welche Akzente gesetzt werden sollen. Auf der Basis dieser Informationen ist dann zu überlegen, wie man die Rede strukturieren möchte. Prinzipiell gibt es zwei Möglichkeiten: chronologisch die wichtigsten Daten und Stationen aufzählen oder aber die Persönlichkeit des Verstorbenen aus der eigenen Sicht würdigen. Selbstverständlich ist auch eine Mischung aus beidem möglich. In bestimmten Fällen kann es auch hilfreich sein, die Rede mit angemessenen Zitaten oder auch kirchlichen Sinnsprüchen, die den Verstorbenen in seinem Leben begleitet haben, zu ergänzen.

> **INFO**
>
> Klären Sie im Vorfeld ab, welche persönlichen Bezüge und familiären Ereignisse nicht genannt werden sollten.

6

Doch egal, wie man die Rede im konkreten Fall strukturiert und inhaltlich gestaltet: Wichtig ist, dass man zum einen als Redner überzeugt und nicht versucht, seine eigenen Redekünste zu überfordern, zum anderen aber auch den Zustand der Angehörigen, d. h. ihre Verletzlichkeit und Empfindsamkeit, mit bedenkt.

6.5 Wie gelingen Podiumsdiskussion und Talkshow?

In dem typischen Rhetorik-Repertoire gibt es aber noch mehr als sachliche Vorträge, Meinungsreden oder Fest- bzw. Trauerreden. Auch die Teilnahme bei Podiumsdiskussionen oder Talkshows gehört dazu.

Bei der Vorbereitung auf derartige Veranstaltungen muss man allerdings etwas umdenken. Denn hier wird ja nicht verlangt, dass man eine ganze Rede formuliert, sondern stattdessen kurze, einzelne Beiträge auf Abruf parat hat. Alle Beiträge zusammen ergeben dann die Podiumsdiskussion oder die Talkshow.

Als Vorbereitung auf eine Podiumsdiskussion oder Talkshow sollte man sich zunächst ähnlich wie bei einer normalen Rede mit folgenden Fragen beschäftigen:

- Wie lautet meine Botschaft?
- Welches sind meine drei stärksten Argumente?
- Welches davon eignet sich für eine Vertiefung?
- Welche Kritik muss ich zurückweisen, welche These sollte ich widerlegen?

Auf dieser Basis lassen sich kurze Einzelstatements vorbereiten, die sich als in sich geschlossene kleine Redebeiträge verstehen lassen. Diese Einzelstatements könnten beispielsweise folgenden Aufbau haben:

1. Diese Frage, dieser Aspekt ist (mir) deshalb wichtig, weil ...
2. Die Sachlage hierzu ist ...
3. Meine Forderung dazu lautet ...
4. Dazu habe ich folgendes Beispiel: ...
5. Was den Zuhörern bewusst werden soll, ist ...

Der Vorteil dieses Aufbaus besteht v. a. darin, dass das Wesentliche gesagt ist, wenn man nach dem dritten Gliederungspunkt unterbrochen wird. Bekommt man aber etwas mehr Zeit eingeräumt, kann man seine Gedanken durch den vierten Gliederungspunkt nochmals vertiefen und durch den fünften Punkt in einem gezielten Schlusssatz verstärken.

Weiß man beispielsweise aufgrund von Vorgesprächen mit dem Veranstalter oder dem Moderator, mit wie vielen Redebeiträgen man in etwa rechnen kann, lassen sich entsprechende Schwerpunkte setzen. Ist aufgrund der zur Verfügung stehenden Zeit und im Hinblick auf die anderen Redner beispielsweise mit fünf Redebeiträgen zu rechnen, lassen sich die einzelnen Statements wie folgt gliedern:

1. Statement, das allgemeine Zustimmung hervorruft,
2. Statement, um sich mit dem wichtigsten Diskussionsgegner / der wichtigsten Gegenthese auseinanderzusetzen oder auf einen ungerechtfertigten Angriff zu reagieren,
3. Botschaft, zentrale These,
4. weitere Thesen, Argumente und weiterführende Aspekte zur Vertiefung der eigenen These,
5. Schlussstatement, das wiederum allgemeine Zustimmung hervorruft.

All diese Bausteine, von denen es natürlich – je nach Zeit und Rede – mehr als ein Statement oder eine These geben kann, müssen flexibel dem Gesprächsverlauf angepasst werden.

INFO

Auch wenn es an anderer Stelle thematisiert wurde, dass das beste Argument an den Schluss gehört – für Podiumsdiskussionen und Talkshows gilt dies nicht. Hier darf nie das beste Argument an den Schluss, denn erfahrungsgemäß fällt es dann aus Zeitgründen oft unter den Tisch.

Aber auch beim Auftritt selbst sollte man einige Grundregeln beachten:
- Zielgruppe im Auge behalten, ebenso Sprache und Körpersprache,
- Redeunterbrechungen souverän und sachlich meistern,
- Andere Diskussionsteilnehmer niemals unberechtigt und ohne stichhaltige Argumentation angreifen.

6

Soll die Zustimmung des Publikums erreicht werden, hilft meist die sogenannte T-a-l-k-s-h-o-w-Formel:

T	tolerant, aber nicht opportunistisch
A	angriffslustig, aber nicht unfair
L	leidenschaftlich, aber nicht fanatisch
K	kommunikativ, aber nicht geschwätzig
S	selbstbewusst, aber nicht arrogant
H	humorvoll, ohne witzig wirken zu wollen
O	orientiert an der Sache, aber nicht langweilig
W	wohl wissend, aber nicht besserwisserisch

6.6 Wie gelingen Diskussionsleitung und Moderation?

Man kann an Diskussionen und Talkshows teilnehmen; man kann aber auch selbst einmal in die Situation kommen, eine Diskussion leiten oder eine Veranstaltung moderieren zu müssen. Damit eine Moderation gelingt, ist zunächst eine effiziente Gestaltung und Organisation der Diskussionsrunde erforderlich. Hier helfen folgende Tipps:

- Themenliste vorbereiten und vorher verschicken.
- Zeiten festsetzen für Beginn, Ende und die einzelnen Diskussionspunkte.
- Nur diejenigen Teilnehmer einladen, die tatsächlich mitwirken sollen.
- Pünktlich beginnen.

Durch Methoden der Moderation lassen sich Meinungsbildung und Entscheidungsfindung in Diskussionssitzungen gestalten. Doch Achtung: Die Funktion von Moderatoren ist, einer Gruppe zu helfen. Die Lösung müssen die Teilnehmer jedoch selbst entwickeln. Zu den wichtigsten Aufgaben eines Moderators gehören somit: Ausgangssituation klären, Gruppenprozesse steuern und zugrunde liegende Prozesse konstruktiv lenken. Methodisch basiert eine gute Moderation dabei auf zwei Standbeinen: der Visualisierung sowie den verschiedenen Diskussionsmethoden. Als Moderator sollte man dabei die wichtigsten Visualisierungs- und Fragetechniken der Moderation kennen. Sie helfen, Gruppenprozesse zu steuern.

6

INFO

Für Moderationen stehen in vielen Fällen Moderationskoffer mit Bildern, Karten, Klebepunkten, Stiften etc. zur Verfügung. Folgendes ist wichtig:
1. Moderationsauftrag klären – um was geht es?
2. Ziel bestimmen – was soll erreicht werden?
3. Programm planen – welches Vorgehen ist sinnvoll?
4. So weit wie möglich vorbereiten – was ist erforderlich?

AUF EINEN BLICK

Eine typische Moderation läuft in folgenden Phasen ab: Einstieg, Sammeln von Themen für die Diskussion, Themen auswählen, Themen bearbeiten, Planen von Maßnahmen.

6.7 Wie gelingt eine Stegreifrede?

Für die bisher vorgestellten Redesituationen hat man als Redner genug Zeit, um die Vorbereitung durchführen zu können: Inhalte suchen, strukturieren, zielorientiert aufbereiten und entsprechend visualisieren. Es kann aber auch durchaus sein, dass man aus dem Stegreif eine Rede halten muss und zwar komplett unvorbereitet. Anlässe gibt es genug – z. B. Projektsitzungen oder Betriebsversammlungen. Aber auch hier gilt: Die Kunst der Stegreifrede lässt sich lernen und trainieren. Folgende Grundstruktur hilft dabei:
1. Sammeln – keiner erwartet eine sofortige Reaktion
2. Vergangenheit des Themas ansprechen
3. Gegenwart thematisieren
4. Zukünftige Konsequenzen herausstellen
5. Schweigen und Platz nehmen

7

7. Tipps und Tricks: Auf dem Weg zum Meister

Das Wichtigste zur Rhetorik und zu den wesentlichen Aspekten der Rhetorik ist jetzt gesagt – in diesem letzten Kapitel geht es jetzt nur noch um Tipps, Tricks und Checklisten, die dabei helfen können, ein guter oder noch besserer Redner zu werden.

7.1 Basis: Sprechen üben

Reden bedeutet Sprechen. Je deutlicher man spricht, desto eher gelingt es, die Botschaften zu vermitteln und die Rede zu einem echten Erfolg zu führen. Sprechen und v. a. deutliches Sprechen lässt sich nun üben. Die einfachste Möglichkeit hierfür ist das Vorlesen von Texten. Dabei kann es sich z. B. um erstellte Kurzreden, Musterreden oder aber um Passagen aus Zeitungsartikeln oder aus Büchern handeln. Zwei Effekte sind zu erwarten: Man kann sich erstens an den Prozess gewöhnen, Texte laut vortragen zu müssen; zweitens kann man eine Art Inventur vornehmen und prüfen, wie Sprache, Mimik, Gestik und Körperhaltung wirken.

Gerade für den zweiten Punkt ist es ratsam, das Vorlesen mit einer Videoaufzeichnung oder zumindest einer Tonbandaufzeichnung zu verbinden. Mithilfe eines Aufzeichnungsgeräts lässt sich diese Übung in wenigen Schritten durchführen:

- Vorlesen und Aufnehmen eines Textes,
- Text nochmals vertiefend lesen, d.h. so schnell wie möglich und halblaut – aber ohne Aufzeichnung,
- Text gedanklich vor Augen führen und vorstellen, wie er „im Ernstfall" vorgelesen wird,
- erneutes lautes Vorlesen des Textes mit Aufzeichnung,
- Anhören der beiden Aufzeichnungen und Erfassen der wichtigsten Veränderungen zwischen den beiden Aufzeichnungen,
- gezieltes Training auf der Basis der beiden Aufzeichnungen.

INFO

Bei Prüfung und Vergleich können z. B. folgende Punkte Hilfestellung leisten:

- Das Vorlesen fiel mir aus folgenden Gründen schwer oder leicht: ...
- Beim Abhören der von mir vorgelesenen Texte stört mich besonders, dass ...
- Gelungen fand ich: ...
- Der wichtigste Fortschritt war: ...
- Verbessern könnte ich: ...

AUF EINEN BLICK

Eine Basisübung für gute Rhetorik stellt Vorlesen dar. Dadurch lässt sich nicht nur lautes Sprechen üben. Es hilft auch, eigene Stärken und Schwächen während des Redens zu erkennen.

7.2 Erweiterung: Freies Sprechen

Das sog. Sprech-Denken bereitet auf jede Situation vor, in der ein Redner frei sprechen muss. Dabei kann es sich z. B. um Diskussionen, um vom Veranstalter gestellte Fragen während der Begrüßung, um Fragen seitens der Zuhörer während der Rede oder auch um Verhandlungen im Umfeld einer Rede handeln. Denn letztlich gilt: Als professioneller Redner muss man auch in der Lage sein, zu bestimmten Themen frei sprechen zu können.

Das Prinzip der Übung ist einfach: Zu einem bestimmten Stichwort reden Sie eine Minute lang. Dabei dürfen keine Sprechpausen entstehen. Fällt Ihnen nichts mehr ein, sagen Sie einfach „Jetzt fällt mir nichts mehr ein" oder „Jetzt weiß ich nicht mehr weiter". Fällt Ihnen tatsächlich nichts mehr ein, sagen Sie diese Floskeln ruhig auch mehrmals hintereinander. Wichtig ist, dass Sie Ihre Übung nicht beenden, bevor die Minute abgelaufen ist. Um Schlüsse ziehen und erkennen zu können, welche Aspekte Sie wie trainieren sollten, empfiehlt sich auch hier die Aufzeichnung. Sie werden sehen: Je öfter Sie diese Übung machen, desto leichter wird Ihnen das freie Sprechen fallen und desto professioneller werden Sie frei sprechen.

Mentales Training

Jeder Sportler nutzt es und hat damit großen Erfolg: das mentale Training. Das Prinzip ist einfach: Der Sportler überlegt sich vor dem Ernstfall rein in Gedanken, wie er eine bestimmte sportliche Herausforderung meistert. So stellt sich der Skiläufer kurz vor dem Start vor, wie er einen Abfahrtslauf bewältigt. Dabei fährt er gedanklich die gesamte Abfahrt mit jeder Kurve und jeder Unebenheit, ohne sie tatsächlich zu fahren. Der Erfolg gibt den Sportlern Recht – das mentale Training funktioniert.

Kein Wunder, dass das mentale Training mittlerweile auch auf zahlreiche Bereiche außerhalb des Sports übertragen wird. So überlegt sich der Verkäufer vor seinem geistigen Auge, wie der Kunde einen Vertrag abschließt, der Bewerber stellt sich das Vorstellungsgespräch in allen Details vor und der Redner geht in seinen Gedanken die Situation durch, wie er vor den Zuhörern steht und seine Rede oder seinen Vortrag brilliant hält. Ähnlich wie der Abfahrtsskifahrer am Starthaus überlegt er sich dabei gedanklich,

- wie er sicher und mit festem Gang den Raum betritt,
- wie er dem Auftraggeber die Hand schüttelt,
- wie er sein Notebook aus der Tasche holt und an den zur Verfügung stehenden Beamer anschließt,
- wie er sein Manuskript zur Hand nimmt, ohne nervös zu wirken,
- wie er sich – möglichst souverän – das Mikrofon greift,
- wie er ruhig am Rednerpult oder am Beamer steht, um zu warten, bis alle Teilnehmer die erforderliche Ruhe gefunden haben,
- wie er souverän bleibt und nicht nervös reagiert, obwohl sich die Zuhörer im Publikum noch unterhalten, telefonieren, Mails bearbeiten oder anderweitig beschäftigt sind,
- wie er freundlich, offen und souverän die Teilnehmer begrüßt und dem Veranstalter für die Möglichkeit, einen Vortrag zu halten, dankt,

- wie er entspannt zu seinem Stichwort-Manuskripft greift und mit der Rede beginnt,
- wie er ganz souverän auf Zwischenfragen reagiert und sich von möglichen Störungen nicht aus der Ruhe bringen lässt,
- wie er während der Rede ganz ruhig bleibt und keine Spur von Lampenfieber zeigt,
- wie er nach der Rede sicher die Diskussion leitet,
- wie er sich nach der Rede und der Diskussion souverän verabschiedet und dem Publikum für seine Aufmerksamkeit dankt,
- wie er sicher stehen bleibt, um den Beifall in Empfang zu nehmen,
- wie er sein Notebook und Manuskript wieder in die Tasche steckt und den Raum verlässt,
- wie er bei einer eventuellen Pressekonferenz auf die Fragen der Medienvertreter reagiert und/oder
- wie er anschließend auf dem Empfang sicher und selbstbewusst auftritt, mit den Teilnehmern diskutiert und insgesamt einen kompetenten und selbstsicheren Eindruck macht.

Überlegt man sich diese oder ähnliche Schritte im Vorfeld öfter, tritt man zum einen viel selbstsicherer auf, zum anderen ist die Redesituation dann nicht ganz neu für den Redner und er wirkt dadurch wesentlich routinierter. Tatsächlich zeigt es sich immer wieder: Die bildhafte Vorstellung von einem Ziel aktiviert im Unterbewusstsein alles, was man benötigt, um diesen Wunsch zu realisieren.

Der Unterschied zwischen dem Nachdenken über ein Thema und dem mentalen Vortrag besteht darin, dass man sich beim mentalen Training den Vortrag oder die Rede mit jedem kleinsten Detail vorstellt. Das bedeutet, dass man den Text mit allen notwendigen Bewegungen redet, ohne jedoch einen Ton von sich zu geben. Für das Unterbewusstsein ist dabei nur relevant, dass Sie sich alles genau vorstellen.

INFO

7

Prinzipiell kann die Übung dabei im Sitzen oder im Stehen durchgeführt werden. Welche Form im Einzelfall geeignet ist, hängt von den individuellen und persönlichen Zielen sowie von der zu erwartenden Redesituation ab. Die hier vorgestellte Grundübung lässt sich auch in der Gruppe als eine Art Spiel durchführen: Einer der Teilnehmer sagt ein Stichwort, ein anderer hält dazu eine Mini-Rede. Geben die Teilnehmer dann ehrliches Feedback, kann dieses Spiel dabei helfen, seine eigene „Frei-Sprech-Fähigkeit" regelmäßig zu verbessern.

INFO

Um anfangs einfach nur sprechen zu üben, sollte man Überraschungsstichworte wählen. Bei der konkreten Vorbereitung einer Rede kann man dann auf selbstgewählte Stichworte zurückgreifen, um beispielsweise bestimmte Aspekte der Rede vorzubereiten. Typische Stichworte sind z. B.: Weihnachten, Geburtstag, Urlaub, Reisen, Sport, Lesen, Bücher, Fitness.

7.3 Zum Abschluss: Das Rede-Einmaleins

Im Folgenden soll nochmals zusammenfassend und anhand von Checklisten aufgezeigt werden, an was man als Redner alles denken sollte.

Checkliste 1: Vor der Rede

Vor der Abreise zum Veranstaltungsort ist zu prüfen, ob organisatorische Punkte mit den Veranstaltern oder Auftraggebern abzustimmen sind. Hilfestellung leistet hier folgende Checkliste:

Gibt es Zeit- oder Ortsveränderungen?	
Hat sich am Gesamtprogramm oder am Ablauf der Veranstaltung etwas geändert?	
Gibt es Parkgelegenheiten oder muss man noch Zeit für die Suche nach einem Parkplatz einplanen?	
Ab wann ist der Zutritt zum Raum möglich?	

7

Wer steht als Ansprechpartner zur Verfügung?	
An wen kann man sich wenden, wenn kurzfristig Probleme auftreten?	
Gibt es zu berücksichtigende aktuelle Anlässe?	
Haben sich Zahl oder Zusammensetzung der Teilnehmer geändert?	
Sind Ehrengäste oder Honoratioren anwesend?	
Wer öffnet und leitet die Veranstaltung?	
Wer ist der Vorredner mit welchem Thema?	
Sind Medienvertreter anwesend? Falls ja, welche?	
Findet eine Pressekonferenz statt?	
Welche organisatorischen Details müssen im Vorfeld abgestimmt werden?	

Checkliste 2: Für die Rede
Im Vorfeld einer Rede sollte auch geprüft werden, ob man die wichtigsten Aspekte auch umgesetzt hat:

Kenne ich Ziel und Anlass?	
Habe ich die Inhalte darauf abgestimmt?	
Habe ich geeignete Vorgehensweisen ausgewählt?	
Habe ich das Thema sachlich im Griff?	
Ist die Rede wirkungsvoll gegliedert?	
Bin ich physisch und psychisch stabil?	
Habe ich mein Lampenfieber unter Kontrolle?	
Habe ich Anrede, Begrüßung und Einstieg gut überlegt?	
Wie lässt sich eine lockere Atmosphäre herstellen?	
Wie gelingt es mir, Aufmerksamkeit zu gewinnen?	
Habe ich treffende Formulierungen gewählt?	
Habe ich Zusammenfassungen eingeplant?	
Habe ich Zitate eingeplant?	
Wie kann ich Desinteresse der Zuhörer vermeiden?	

7

Was könnte als Stilbruch empfunden werden?	
Bin ich auf mögliche Zwischenrufe vorbereitet?	
Wie kann ich mich bei Zwischenfällen oder Zwischenrufen verhalten?	
Wie nehme ich den Faden wieder auf?	
Wie beweise ich Schlagfertigkeit?	
Kenne ich die zu mir passende Mimik und Gestik?	
Habe ich den Vortrag ausreichend geprobt?	
Wie optimiere ich die Wirkung meiner Stimme?	
Passt der Schlusssatz?	
Wie verhalte ich mich bei Diskussionen?	

Checkliste 3: Der Einstieg

An anderer Stelle wurde deutlich, wie wichtig Einstieg und Schluss sind. Im Vorfeld der Rede sollte man daher prüfen:

An wen richten sich Dank und Anerkennung?	
Ist auf Zielsetzung und Ablauf einzugehen?	
Sind Begriffserklärungen erforderlich?	
Lässt sich zum Mitdenken und zur Mitarbeit anregen?	
Wie kann das Interesse des Publikums zu Beginn der Rede explizit angeregt werden?	

Checkliste 4: Mögliche Fehler

Aus Fehlern kann man lernen. Prüfen Sie daher im Vorfeld, ob sich in Ihrer Rede folgende Fehler verstecken könnten:

Habe ich zu lange Sätze formuliert?	
Habe ich zu lange Wörter formuliert?	
Bin ich zu unpersönlich?	
Wirke ich zu unentschlossen?	
Arbeite ich mit Modewörtern?	

Spreche ich oft in Passivform?	
Behaupte ich zu viel?	
Stelle ich nur geschlossene Fragen?	
Verkaufe ich mich schlecht?	
Spreche ich zu schnell und ohne Pausen?	
Halte ich Blickkontakt?	

Checkliste 5: Todsünden

Es gibt sie auch in der Rhetorik, die sog. Todsünden. Begeht man sie, wird jede Rede zum Misserfolg – unabhängig davon, wie brillant und gut Inhalte und Struktur sind. Aber diese Fehler lassen sich auch vermeiden:

Neige ich zum Übertreiben durch Untertreibungen?	
Spreche ich in zu langen Sätzen?	
Neige ich dazu, mich zu entschuldigen?	
Benutze ich zu viele Fremdwörter?	
Neige ich dazu, Füllwörter einzusetzen?	
Neige ich zu Privatdiskussionen?	
Verstecke ich mich gerne hinter dem Rednerpult?	
Gestikuliere ich zu sehr mit Händen und Füßen?	
Spreche ich zu ausführlich?	
Mache ich doppeldeutige Aussagen?	

Das Rede-ABC

Viele Aspekte, Methoden und Hilfestellungen haben Sie in diesem Buch kennengelernt. Die wichtigsten sollten Sie sich merken – vielleicht gelingt dies einfacher mithilfe des folgenden Rede-Abc:

Abgang: Das Ende ist mindestens genauso wichtig wie der Anfang.
Anfang: Ein gelungener Start erhöht Interesse und Aufmerksamkeit der Zuhörer.

7

Blickkontakt: Der Blickkontakt ist gleichzeitig Kontroll- und Kommunikations-instrument.

Empathie: die Fähigkeit, sich auf die Zuhörer einzustellen und in der Sprache der Zuhörer zu argumentieren

Formulierungen: aktive und treffende Formulierungen, kurze Sätze, wenig Füll- und Fremdwörter

Gestik: Kontrollierte Gesten signalisieren Sicherheit und stellen wichtige rhetorische Zugaben dar.

Handhabung der Technik: Beamer und Overhead-Projektor beherrschen

Kleidung: Muss zum Image der Person sowie zum Anlass der Veranstaltung passen.

Körperhaltung: Muss zum Inhalt sowie zum Anlass passen.

Mimik: Unterstreicht die Inhalte, muss aber dazu passen und darf nicht übertrieben wirken.

Pausentechnik: Überlegungs-, Spannungs-, Wirkungs- und disziplinarische Pausen sind wichtige Effekte und können Reden interessant und spannend gestalten.

Schlagfertigkeit: Schlagfertige Reaktionen können die Zuhörer erfreuen, aber unter Umständen auch erzürnen. Situatives Anwenden ist erforderlich.

Souveränität: Souveränität lässt sich nicht simulieren; überzeugende Sicher-heit bedeutet Leistung und Bescheidenheit.

Substanz: Reden ohne Substanz sind wirkungslos.

Stimme: Stimme und Artikulation können die Inhalte unterstreichen, müssen aber dazu passen.

Verständlichkeit: Wer sich nicht verständlich ausdrückt, verärgert die Zuhörer.

Wortschatz: Der Wortschatz ist frei verfügbar, muss zu den Inhalten und dem Anlass passen und kann trainiert werden.

Zeit: Redezeiten werden zum Überzeugen, nicht zum Überziehen vereinbart.

Zielerreichung: Ein Redner, der nichts bewirkt, hat etwas falsch gemacht.